新工科暨卓越工程师教育培养计划电子信息类专业系列教材

丛书顾问/郝 跃

DIANCICHANG YU WEIBO GONGCHENG SHIYAN ZHIDAOSHU

电磁场与微波工程实验指导书

U0180152

■ 主 编/郑宏兴 张志伟

华中科技大学出版社
http://www.hustp.com
中国·武汉

内 容 简 介

本书为普通高等教育"新工科暨卓越工程师教育培养计划电子信息类专业系列教材",共分为三部分,分别为电磁波实验、微波与天线工程实验和电磁工程技术实验实训平台。

本书整合了经典的电磁波实验、微波与天线工程实验,并且介绍了使用矢量网络分析仪测量天线 S 参数实验和使用微波暗室天线测试系统测量天线方向图实验,详细说明了实验步骤。为方便自主学习,特别在第三部分加入了线上电磁工程技术实验实训平台相关内容。

本书可作为高等学校本科相关电子信息类专业的实验教材,也可作为相关学科及有关专业技术人员的参考书,可配合郑宏兴等主编的《电磁波工程基础》和《微波与天线工程基础》教材使用,也可单独使用。

图书在版编目(CIP)数据

电磁场与微波工程实验指导书/郑宏兴,张志伟主编. —武汉:华中科技大学出版社,2020.11
ISBN 978-7-5680-6686-0

Ⅰ.①电… Ⅱ.①郑… ②张… Ⅲ.①电磁场-实验-高等学校-教材 ②微波技术-实验-高等学校-教材 Ⅳ.①O441.4-33 ②TN015-33

中国版本图书馆 CIP 数据核字(2020)第 195449 号

电磁场与微波工程实验指导书   郑宏兴   张志伟   主编
Diancichang yu Weibo Gongcheng Shiyan Zhidaoshu

策划编辑:祖 鹏 王红梅
责任编辑:余 涛 刘艳花
封面设计:秦 茹
责任校对:曾 婷
责任监印:徐 露
出版发行:华中科技大学出版社(中国·武汉)   电话:(027)81321913
　　　　　武汉市东湖新技术开发区华工科技园   邮编:430223
录　排:武汉市洪山区佳年华文印部
印　刷:武汉科源印刷设计有限公司
开　本:787mm×1092mm　1/16
印　张:5.75
字　数:133 千字
版　次:2020 年 11 月第 1 版第 1 次印刷
定　价:16.80 元

编　委　会

前言

随着社会经济的快速发展,当今电子通信技术发展迅猛,日新月异,同时高等教育越来越重视对电子信息类高端人才的培养,众多高校的电子信息类专业将"电磁场与电磁波"以及"微波技术与天线"列为重点基础课程。但是,这两门课程与其他工科课程相比,教学较困难:物理概念抽象且不易理解,公式较多且比较烦琐。为了能将理论原理清晰地呈现在学生面前,实验课程显得尤为重要,实验课程是提高电子信息类课程教学质量的关键。

本书共分三部分。第一部分主要讲述了经典的电磁波实验,从实验原理出发,详细介绍了实验步骤,简单明了地揭示了实验现象,使实验原理更容易被理解。第二部分主要介绍了与微波和天线工程相关的实验,并且介绍了使用矢量网络分析仪测量天线 S参数实验和使用微波暗室天线测试系统测量天线方向图实验。第三部分介绍了电磁工程技术实验实训平台,这是一个线上实验平台,目的是方便学生自主学习和课后巩固练习以及进行创造性实验。

本书是由编者在河北工业大学工作期间的实验教学讲义改编而成的,电磁工程技术实验实训平台主要由中国电子科技集团公司第四十一研究所研发。本书在编写过程中,得到了河北工业大学电子信息工程学院实验室及电磁场与微波课程组全体老师的大力支持与帮助。在此一并表示感谢。

本书配有电子课件,欢迎选用本书作为教材的老师使用,具体请联系华中科技大学出版社。

由于时间仓促,加上作者学识水平有限,书中难免有不足、错误和疏漏之处,欢迎广大读者给予批评和指正。

编　者
2020 年 9 月于天津

教学建议

本书是与郑宏兴、王莉主编的《电磁波工程基础》和郑宏兴、姜霞主编的《微波与天线工程基础》(华中科技大学出版社,2020 年)配套的实验教材。本书既可作为高等学校本科相关电子信息类专业的实验教材,也可作为相关学科及有关专业技术人员的参考书。使用本书作教材时可根据不同的教学要求对每部分的实验内容进行取舍。

全书分为三部分。第一部分是电磁波实验,本部分实验是通过电磁波测试系统实验装置来完成的,该装置能够输出中心频率为 10.5 GHz±20 MHz,波长为 2.85517 cm,功率为 15 mW,频率稳定度可达 $2×10^{-4}$,幅度稳定度为 10^{-2} 的微波,通过反射板、双缝板、偏振板、塑料棱镜、透射板对电磁波进行折射、反射、投射、透射,可供学生对相关的电磁规律进行探究。本部分包括 11 个实验,每个实验为 2 学时,其中实验 1(系统初步认识)、实验 2(反射)、实验 3(折射)、实验 11(布儒斯特角)为必做实验,其他实验由学生根据具体情况自行选做。

第二部分是微波与天线工程实验,本部分实验是通过微波参数实验系统来完成的,通过此套实验装置可以让学生了解各种微波器件、微波工作状态和传输特性以及微波传输线场型特性,熟悉驻波、衰减、波长(频率)和功率的测量,学会测量微波介质材料的介电常数和损耗角正切值。本部分包括 6 个实验,每个实验为 2 学时,其中实验 1(微波测试系统的认识与调试)、实验 2(波导波长测量)、实验 3(晶体检波特性校准)、实验 4(电压驻波比的测量)为必做实验,其他实验由学生根据具体情况自行选做。

第三部分是电磁工程技术实验实训平台,该实验平台是多功能仪器组合体和完备的综合教学软件平台。该软件采用面向对象的组件化、模块化与标准化的设计技术,提供教学、实验、考核、资源、数据、权限、虚拟仪器库、网络等一系列管理功能,满足各院校的仪器仪表教学、微波技术实验等多方面知识教学的需求。该平台的虚拟化仪表面板可以提供更"物理"的操作体验,可与现实仪表通信,实现"物理的虚拟仪器"。本部分首先介绍了电磁场与电磁波、微波技术与天线的虚拟实验,接着介绍了如何完成在线考试,学生可以根据具体情况选择相应的虚拟实验来完成。

目 录

1

电磁波实验

1864 年,英国科学家麦克斯韦在总结前人研究电磁现象的基础上建立了完整的电磁波理论,并且断定电磁波的存在。1887 年,德国物理学家赫兹利用实验证实了电磁波的存在。后人又进行了很多实验,发现有很多形式的电磁波,它们的波长和频率有很大的差别,但本质完全相同。常见的电磁波按频率从低到高的排列顺序为:无线电波＜微波＜红外线＜可见光＜紫外光＜X 射线＜γ 射线。

根据美国电气与电子工程师学会(IEEE)的定义,微波是频率在 $0.3\sim300$ GHz 的电磁波,波长为 1 mm～1 m。作为电磁波的一种,微波被广泛应用,从雷达到微波炉,从电脑显示器到电视信号。随着科学技术的发展,微波正在信息技术、通信、医疗、军事、勘测等领域发挥着越来越重要的作用。

微波作为一种电磁波,具有波粒二象性。微波和光波一样,都具有波动性,能产生反射、折射、干涉和衍射等现象。因此,用微波做波动实验与用光做波动实验所反映的波动现象及规律是一致的。由于微波的波长比光波的波长在数量级上至少相差一万倍,因此用微波来做波动实验比光学实验更直观、方便和安全,如在验证晶格的组成特征时,布拉格衍射就非常的形象和直观。微波的基本性质通常呈现为穿透、吸收、反射三个特性。对玻璃、塑料和瓷器,微波几乎是穿透而不被吸收;水和食物等物质会吸收微波而使自身发热;金属类物质则会反射微波。

通过本系统所提供的实验内容,可以加深对微波及微波系统的理解,特别是微波的波动这一特性:① 反射;② 折射;③ 偏振;④ 双缝干涉;⑤ 驻波-测量波长;⑥ 劳埃德镜;⑦ 法布里-珀罗干涉;⑧ 迈克尔逊干涉;⑨ 布儒斯特角。

1.1　仪器介绍

一、发射器组件

实验整机图如图 1-1 所示,其组成部分包括:缆腔换能器、谐振腔、隔离器、衰减器、喇叭天线、支架及微波信号源。其中,微波信号源输出的微波中心频率为 10.5 GHz±20 MHz,波长为 2.85517 cm,功率为 15 mW,频率稳定度可达 2×10^{-4},幅度稳定度可达 10^{-2}。这种微波信号源相当于光学实验中的单色光束,将电缆中的微波电流信号转换为空中的电磁场信号。喇叭天线的增益大约是 20 dB,波瓣的理论半功率点宽度大约为:H 面 20°,E 面 16°。当发射喇叭口面的宽边与水平面平行时,发射信号电矢量的偏振方向是垂直的。

图 1-1 实验整机图

二、接收器组件

接收器的组成部分包括:喇叭天线、检波器、支架、放大器和电流表。检波器将微波信号变为直流信号或低频信号。放大器分三个挡位,分别为"×1"挡、"×0.1"挡和"×0.02"挡,可根据实验需要来调节放大器倍数,以得到合适的电流表读数。在读数时,实际电流值等于读数值乘以所在挡位的系数。

三、平台

平台的组成部分包括:中心平台和四根支撑臂等。其中,中心平台上刻有角度,直径为 20 cm;3 号臂为固定臂,用于固定微波发射器;1 号臂为活动臂,可绕中心进行 ±160°旋转,用于固定微波接收器;剩下的两臂可以拆除。

四、支架

支架的组成部分包括:一个中心支架和两个移动支架,不用时可以拆除。中心支架一般放置在中心平台上,移动支架一般固定在支撑臂上。

五、其他配件

其他配件包括:反射板(金属板,2 块)、双缝板(金属板,有两个宽度为 15 mm 的缝)、偏振板、塑料棱镜、透射板(玻璃板,2 块)、棱镜座、晶阵座、DC 12 V 电源(2 支)。

1.2 电磁场与电磁波实验

实验 1　系统初步认识

一、实验目的

本实验系统介绍了电磁波实验的装置,有助于学习设备的使用及理解用这套设备进行测量的重要性。

二、实验仪器

发射器组件,接收器组件,平台,DC 12 V 电源。

三、实验步骤

(1) 如图 1-2 所示,将发射器和接收器分别安置在固定臂和活动臂上,发射器和接收器的喇叭口正对,喇叭宽边水平,活动臂刻线与 180°刻度线对齐,打开电源开关。

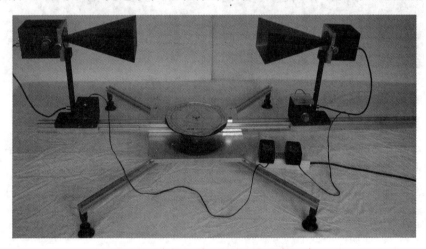

图 1-2　基础实验实物图

(2) 调节发射器和接收器之间的距离,间距初始值设置为 41 cm 左右(可根据实际情况自行调整)。将电流表上的挡位开关置于"×0.1"挡,调节发射器上衰减器的强弱旋钮,使接收器上电流表的指针在 1/2 量程左右(约 5 μA)。

(3) 将接收器沿着活动臂缓慢向右移动 30 cm,每隔 1 cm 观察并记录对应电流表上的数值,将数值记录在表 1-1 中(实验过程中,若电流表读数数值过大或过小,则可通过调节挡位旋钮来改变)。

(4) 将发射器和接收器之间的间距调节为 70 cm(建议发射器和接收器到中心的距离各为 35 cm),调节衰减器的强弱使电流表在"×0.1"挡时电流值居中。

(5) 松开接收器上面的手动螺栓,慢慢转动接收器,同时观察电流表上读数的变化,将对应的数据记录在表 1-2 中,并解释这一现象。

表 1-1　接收电流与距离的关系

初始条件:发射器到中心位置的距离为_____cm,接收器到中心位置的距离为_____cm

ΔX/cm	0	1	2	3	4	5	6	7	8	9	10	11	12	13	14	15
I/μA																
ΔX/cm	16	17	18	19	20	21	22	23	24	25	26	27	28	29	30	
I/μA																

ΔX 表示接收器在初始位置的基础上向右移动的距离

表 1-2　接收电流与转角的关系

Θ/(°)	0	10	20	30	40	50	60	70	80	90
I/μA										

发射器和接收器的旋钮使用方法如图 1-3 所示。

（a）发射器的旋钮位置图　　　　　（b）接收器喇叭天线转动的方向图

图 1-3　发射器和接收器的旋钮使用方法

衰减器强弱旋钮:顺时针旋转为增大微波发射功率,反之则为减小发射功率。

喇叭止动旋钮:该旋钮可以锁定喇叭的方向。喇叭只能在图示方向内旋转 90°。接收器上也有喇叭止动旋钮,功能与发射器上对应的旋钮一样。

四、思考题

（1）为什么建议发射器和接收器到中心的距离相等? 如果不相等,会对实验结果产生怎样的影响?

（2）实验开始前,如果接收器上的电流表指针未能指在 1/2 量程左右,那么会对实验结果产生什么影响?

实验 2　反　　射

一、实验目的

了解电磁波的反射现象。

二、实验仪器

发射器组件,接收器组件,平台,中心支架,反射板。

三、实验原理

微波和光波都是电磁波,都具有波动这一共性,都能产生反射、折射、干涉和衍射等现象。电磁波在传播过程中若遇到障碍物,则会发生反射。本实验用一块金属铝板作为障碍物来研究不同入射角对应的反射现象。本实验通过电流表的读数确定反射角的位置,电流表读数最大处为反射角的位置。

反射原理图如图 1-4 所示,入射波轴线与反射板法线之间的夹角称为入射角,接收器轴线与反射板法线之间的夹角称为反射角。

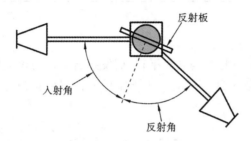

图 1-4 反射原理图

四、实验步骤

(1) 将发射器和接收器分别安置在固定臂和活动臂上,喇叭宽边水平。发射器和接收器距离中心平台的中心约 35 cm。反射实验实物图如图 1-5 所示。电流表置于"×0.02"挡,打开电源,调节微波强弱,使电流表的读数适中。

图 1-5 反射实验实物图

(2) 将入射角分别设定为 20°、30°、40°、50°、60°、70°(中心支架上白色刻线的方向代表反射板法线的方向),通过逆时针转动活动支架找到对应的反射角,记录于表 1-3 中,比较入射角和反射角之间的关系。

表 1-3 入射角和反射角的关系

入射角/(°)	反射角/(°)	误差度数/(°)	误差百分比/(%)
20			

续表

入射角/(°)	反射角/(°)	误差度数/(°)	误差百分比/(%)
30			
40			
50			
60			
70			

五、思考题

假设反射板的反射面已经与转轴平行,而发射器组件与仪器转轴的角度为 β,则反射的小十字像和反射板转过 180° 后的小十字像的位置应该是怎样的?此时应如何调节?试画出波的路径图。

实验 3 折 射

一、实验目的

了解电磁波的折射现象,计算指定材料的折射率。

二、实验仪器

发射器组件,接收器组件,平台,棱镜座,塑料棱镜(聚乙烯)。

三、实验原理

通常电磁波在均匀介质中以匀速直线传播,在不同介质中由于介质的密度不同,其传播的速度也不同,速度与密度成反比。所以,当它通过两种介质的分界面时,传播方向就会改变,如图 1-6 所示,这称为波的折射。

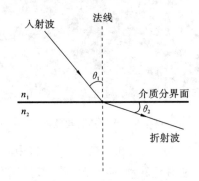

图 1-6 $n_1 > n_2$ 时的折射原理图

波在不同介质的界面间传播时遵循折射定律(或称为斯涅耳定律):

$$n_1 \sin\theta_1 = n_2 \sin\theta_2 \tag{1-1}$$

θ_1 为入射波与两介质分界面法线的夹角,称为入射角;θ_2 为折射波与两介质分界面法线的夹角,称为折射角。

介质的折射率是电磁波在真空中的传播速率与在介质中的传播速率之比,用 n 表示。一般而言,分界面两边介质的折射率不同,分别用 n_1 和 n_2 表示。两种介质的折射率不同(即波速不同)导致波偏转,或者说波入射到两种不同介质的分界面时会发生折射。

本实验利用折射定律测量塑料棱镜(电磁波能够穿透塑料)的折射率,空气的折射率近似为1。

四、实验步骤

(1) 将发射器和接收器分别安置在固定臂和活动臂上,喇叭宽边水平。发射器和接收器距离中心平台中心约 35 cm。棱镜折射实验实物图如图 1-7 所示。打开电源,电流表置于"×1"挡,调节微波强弱,使电流表的读数适中。

图 1-7　棱镜折射实验实物图

(2) 棱镜一直角边正对发射器,绕中心轴缓慢转动活动支架,读出电流表读数最大时活动支架对应的角度,并通过微波折射路线计算折射角,将数值记录于表 1-4 中。

(3) 设空气的折射率为1,根据折射定律,计算塑料棱镜的折射率。

(4) 转动棱镜,改变入射角,重复步骤(1)、(2)、(3)。

(5) 根据式(1-1)计算塑料棱镜的折射率 n_1。

表 1-4　棱镜折射实验表格

次数	入射角 $\theta_1/(°)$	折射角 $\theta_2/(°)$	折射率 n_2
1			
2			
3			

五、思考题

当用一定波长的发射器组件的入射波测定最小偏向角时,若改变入射波波长,能否不转动载物台,只是稍微移动发射器组件即可测出其他波长的最小偏向角?

实验 4 偏 振

一、实验目的

观察及了解电磁波经喇叭极化后的偏振现象。

二、实验仪器

发射器组件,接收器组件,平台,中心支架,偏振板。

三、实验原理

平面电磁波是横波,它的电场强度矢量 E 和波的传播方向垂直。在与传播方向垂直的二维平面内,电场强度矢量 E 可能具有各方向的振动。如果 E 在该平面内的振动只限于某一确定方向(偏振方向),这样的电磁波称为极化波,在光学中称为偏振波。用来检测偏振状态的元件称为偏振器,它只允许沿某一方向振动的电矢量 E 通过,该方向称为偏振器的偏振轴。强度为 I_0 的偏振波通过偏振器时,透过波的电流强度 I 随偏振器的偏振轴和偏振方向的夹角 θ 的变化而有规律的变化,即遵循马吕斯定律:

$$I = I_0 \cos^2 \theta \tag{1-2}$$

本信号源输出的电磁波经喇叭后,电场矢量方向是与喇叭的宽边垂直的,相应磁场矢量是与喇叭的宽边平行的,垂直极化。而接收器由于其物理特性只能收到与接收喇叭口宽边垂直的电场(对平行的电场矢量有很强的抑制,认为它接收为零)。所以,当两喇叭的朝向(宽边)角度相差 θ 时,它只能接收一部分信号。

本实验研究偏振现象,找出偏振板改变微波偏振的规律。

四、实验步骤

按图 1-8 所示布置实验仪器,将发射器和接收器分别安置在固定臂和活动臂上,喇叭宽边水平,活动臂刻线与 180°刻度线对齐。发射器和接收器距离中心平台中心约 35 cm。打开电源,电流表置于"×1"挡,调节微波强弱,使电流表的读数最大(100 μA)。

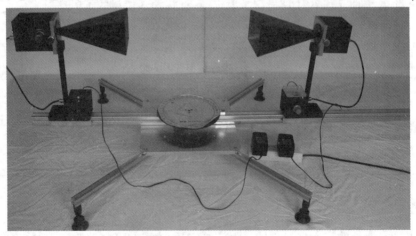

图 1-8 未加偏振板实物图

（1）松开接收器的喇叭止动旋钮，以 10°（或其他角度）增量旋转接收器，记录每个位置上电流表的读数于表 1-5 中。

表 1-5　偏振实验表格

初始条件：发射器、接收器距中心平台中心的距离为 _____ cm										
接收器转角/（°）	0	10	20	30	40	50	60	70	80	90
理论 $I/\mu A$	100	97.0	88.3	75	58.7	41.3	25	11.7	3.0	0
无偏振板实验 $I/\mu A$										
偏振板与竖直方向夹角　45°时 $I/\mu A$										
90°时 $I/\mu A$										

注：表 1-5 中已列出各实验角度下按马吕斯定律计算出的理论电流值。

（2）偏振板放置在中心支架上（按图 1-9 所示的方式布置，中心支架上白色刻线与转盘的 0°刻度线或 180°刻度线对齐），偏振板方向与竖直方向分别为 45°、90°时，重复步骤（2）。

图 1-9　加 45°偏振板仪器实物图

（3）将理论值、不加偏振板时的实验值及偏振板与竖直方向夹角为 90°时的实验值进行比较，分析、比较各组数据。试分析若偏振板方向与竖直方向夹角为 0°时的实验结果。

五、思考题

偏振实验中，当无偏振板、偏振板方向与竖直方向夹角分别为 45°和 90°时，得到的是什么状态的偏振（线偏振、圆偏振或椭圆偏振）？如何进行验证？

实验 5　双缝干涉

一、实验目的

了解电磁波的干涉特性，并计算微波波长。

二、实验仪器

发射器组件,接收器组件,平台,中心支架,双缝板。

三、实验原理

两束传播方向不一致的波相遇会在空间相互叠加,形成类似驻波的波谱,在空间某些点上形成极大值或极小值。电磁波通过两狭缝后,就相当于两个波源向四周发射,对接收器来说就等于是两束传播方向不一致的波相遇。

双缝板外波束的强度随探测角度的变化而变化。两缝之间的距离为 d,接收器距双缝屏的距离大于 $10d$,当探测角 θ 满足 $d\sin\theta = n\lambda$ 时,电流表示数会出现最大值(其中 λ 为入射波的波长,n 为整数),如图 1-10 所示。

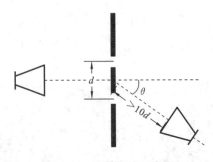

图 1-10 双缝干涉示意图

实验中用到的双缝板的两条缝宽均为 15 mm,中间缝屏的宽度为 50 mm。

四、实验步骤

(1) 按图 1-11 所示布置实验仪器,将发射器和接收器分别安置在固定臂和活动臂上,发射器和接收器都处于水平偏振状态(喇叭宽边水平),初始位置时活动臂刻线与 180°刻度线对齐。发射器距离中心平台中心约 35 cm,接收器到中心平台距离大于 650 mm。打开电源,将电流表调节在合适挡位,记录初始位置的电流值。

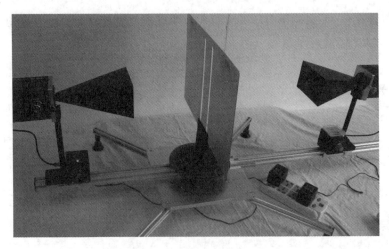

图 1-11 双缝干涉实物图

(2) 缓慢转动活动支架，找出电流表取最大值、最小值时对应的角度，并每隔 5°（或其他角度，可自己设定）记录对应的电流值于表 1-6 中，绘制接收电流随转角变化的曲线图，分析实验结果，计算微波的波长及误差。

表 1-6　双缝干涉实验表格

初始条件：接收器距离中心点位置为_____mm；顺时针为正，逆时针为负

活动臂转角/(°)	0	5	10	15	20	25	30	35	40	45	50
电流/μA											
活动臂转角/(°)	0	−5	−10	−15	−20	−25	−30	−35	−40	−45	−50
电流/μA											

五、思考题

(1) 怎样才能更为精确地测量出双缝与像屏之间的距离？已知发射装置的波长为 λ，夹缝与平台之间的距离为 L，能否测量出双缝之间的间隔？

(2) 在放置接收装置的位置安装一个线阵 CCD 传感器，是否能够精确地测量出干涉条纹的中心距 Δx？

实验 6　驻　　波

一、实验目的

了解电磁波的驻波现象，并利用驻波来测量波长。

二、实验仪器

发射器组件，接收器组件，平台。

三、实验原理

微波喇叭既能接收微波，也会反射微波，因此，发射器发射的微波在发射喇叭和接收喇叭之间来回反射，振幅逐渐减小。当发射源到接收检波点之间的距离等于 $N\lambda/2$（N 为整数，λ 为波长）时，经多次反射的微波与最初发射的波同相，此时信号振幅最大，电流表读数最大，即

$$\Delta d = N \frac{\lambda}{2} \tag{1-3}$$

式中：Δd 表示发射器不动时接收器从某电流最大位置开始移动的距离；N 为出现接收信号到信号幅度最大值的次数。

四、实验步骤

(1) 按图 1-12 所示布置实验仪器，要求发射器和接收器处于同一轴线上，喇叭口宽边与地面平行，活动臂刻线与 180° 刻度线对齐。接通电源，调整发射器和接收器，使二者距离中心平台中心的位置约 20 cm（可自行调整）。电流表置于"×0.1"挡，调节发

射器衰减强弱,使电流表的显示电流值在 3/4 量程左右。

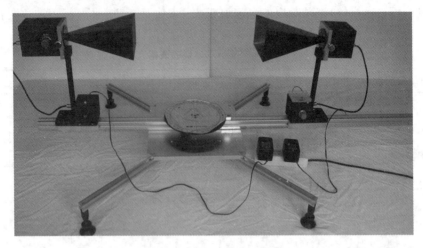

图 1-12　驻波实验实物图

(2) 将接收器沿活动支架缓慢滑动以远离发射器(发射器和接收器始终处于同一轴线上),观察电流表的显示变化。

(3) 当电流表在某一位置出现极大值时,记录接收器所处位置的刻度 X_1,然后继续将接收器沿远离发射器方向缓慢滑动,当电流表读数出现 N(至少 10 次)个极小值后再次出现极大值时,记录接收器所处位置的刻度 X_2,将记录的数据填入表 1-7 中。

(4) 多次测量,根据式(1-3)计算微波的波长,并与理论值比较。

表 1-7　驻波实验表格

测量次数	X_1/cm	X_2/cm	$\Delta d = \lvert X_1 - X_2 \rvert$/cm	N	λ/cm	$\bar{\lambda}$/cm	与理论值的误差
1							绝对误差:
2							
3							相对误差:

五、思考题

(1) 驻波比的定义是什么?

(2) 表达反射系数、驻波比和行波系数三者之间的关系。

(3) 反射系数、驻波比和行波系数反映负载与传输线的什么关系?

实验 7　劳 埃 德 镜

一、实验目的

了解劳埃德镜原理,并用劳埃德镜测微波波长。

二、实验仪器

发射器组件,接收器组件,平台,移动支架,反射板。

三、实验原理

劳埃德镜是用于观察干涉现象的又一个装置。用它也可测量微波的波长。

如图 1-13 所示,从发射器发出的一路微波直接到达接收器,另一路经反射板反射后再到达接收器。由于两列波的波程及方向不一样,因此它们必然发生干涉。在交汇点,若两列波同相,则电流值达到最大;若反相,则电流最小。

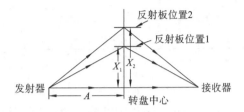

图 1-13 劳埃德镜示意图

发射器和接收器距离转盘中心的距离应相等,反射板从位置 1 移到位置 2 的过程中,电流表出现了 N 个极小值后再次达到极大值。根据图 1-13 并由光程差可以得到计算波长的公式如下:

$$\sqrt{A^2 + X_2^2} - \sqrt{A^2 + X_1^2} = N\frac{\lambda}{2} \tag{1-4}$$

四、实验步骤

(1) 按图 1-14 所示布置实验仪器,喇叭宽边水平,发射器和接收器处于同一直线上,且到中心平台中心的距离相等(均为 36 cm 左右)。反射板固定在移动支架上,反射板面平行于两喇叭的轴线。接通电源,电流表置于"×0.1"挡,调节衰减器强弱,使电流表的显示电流值为 3/4 量程左右。

图 1-14 劳埃德镜实验实物图

(2) 沿移动支架缓慢移动反射板,观察电流的变化。当出现一个极大值时,记录此时反射板的位置 X_1。继续移动反射板,当出现 N 个极小值后再次出现极大值,记录此时反射板的位置 X_2。将数据记录于表 1-8 中。

(3) 改变发射器和接收器之间的距离(注意,发射器和接收器到中心平台中心的位置相等),重复步骤(2)。按照式(1-4)计算波长,并计算误差。

表 1-8　劳埃德镜实验表格

测量次数	距离/cm	极小值个数 N	X_1/cm	X_2/cm	λ/cm	$\bar{\lambda}$/cm	与理论值误差
1							
2							绝对误差:
3							相对误差:

五、思考题

(1) 解释什么为半波损失,分析在劳埃德镜的实验中为什么会出现半波损失现象。

(2) 若把屏幕放置在与镜面相接触的位置,此时,从发射装置发射的电磁波到达接触点后经镜面反射,反射和入射的路程相等,光程差为 0,应出现明纹,但实验中可能出现暗纹,试分析其原因。

实验 8　法布里-珀罗干涉

一、实验目的

了解法布里-珀罗干涉原理,并计算电磁波波长。

二、实验仪器

发射器组件,接收器组件,平台,透射板(2 块),移动支座(2 台)。

三、实验原理

当电磁波入射到部分反射板(透射板)表面时,入射波将被分割为反射波和透射波。法布里-珀罗干涉在发射波源和接收探测器之间放置了两面相互平行并与轴线垂直的部分反射板。

发射器发出的电磁波有一部分将在两透射板之间来回反射,同时有一部分透射出去被探测器接收。若两块透射板之间的距离为 $N\lambda/2$,则所有入射到探测器的波都是同相位的,接收器探测到的信号最大。若两块透射板之间的距离不为 $N\lambda/2$,则产生相消干涉,信号不为最大。

因此,可以通过改变两透射板之间的距离来计算微波波长,计算公式为

$$\Delta d = N \frac{\lambda}{2} \tag{1-5}$$

式中:Δd 表示两透射板改变的距离;N 为出现接收信号到信号幅度最大值的次数。

四、实验步骤

(1) 按图 1-15 所示布置实验仪器。接通电源,调节衰减器和电流表挡位,使电流表的显示电流值在 3/4 量程左右。

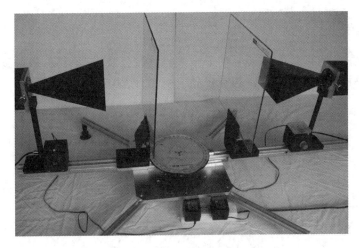

图 1-15　法布里-珀罗干涉实物图

（2）调节两透射板之间的距离，观察电流值的变化。

（3）调节两透射板之间的距离，使接收到的信号最强（电流表读数在不超过满量程的条件下达到最大），记录两透射板之间的距离 d_1。

（4）使一面透射板向远离另一面透射板的方向移动，直到电流表读数出现至少 10 个最小值并再次出现最大值时，记录经过最小值的次数 N 及两透射板之间的距离 d_2。

（5）改变两透射板之间的距离，重复以上步骤，记入表 1-9 中。

（6）根据式（1-5），计算微波的波长 λ 及误差。

表 1-9　法布里-珀罗干涉实验表格

测量次数	d_1/cm	d_2/cm	$\Delta d = \lvert d_1 - d_2 \rvert$/cm	N	λ/cm	$\bar{\lambda}$/cm	与理论值误差
1							
2							绝对误差：
3							
4							相对误差：
5							

五、思考题

（1）列举一些法布里-珀罗干涉仪在光学领域中的应用，并分析其应用原理。

（2）对于法布里-珀罗干涉标准而言，其透射率随波长的显著变化是由于两反射板之间存在多重反射光的干涉。判断多重反射光是否相同，受哪些因素的影响？

实验 9　迈克尔逊干涉

一、实验目的

了解迈克尔逊干涉仪工作原理，并计算电磁波的波长。

二、实验仪器

发射器组件，接收器组件，平台，中心支架，透射板，反射板（2 块），移动支架（2 台）。

三、实验原理

与法布里-珀罗干涉类似,迈克尔逊干涉将单波分裂成两列波,透射波经再次反射后与反射波叠加形成干涉条纹。迈克尔逊干涉仪的结构如图 1-16 所示。

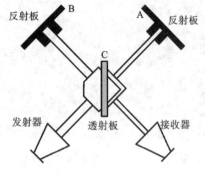

图 1-16　迈克尔逊干涉仪的结构

A 和 B 是反射板(全反射),C 是透射板(部分反射)。从发射源发出的微波经两条不同的光路入射到接收器。一部分经 C 透射后射到 A,经 A 反射后再经 C 反射进入接收器。另一部分波从 C 反射到 B,经 B 反射回 C,最后透过 C 进入接收器。

若两列波同相位,接收器将探测到信号的最大值。移动任一块反射板,改变其中一路光程,使两列波不再同相,接收器探测到信号就不再是最大值。若反射板移过的距离为 $\lambda/2$,光程将改变一个波长,相位改变 $360°$,接收器探测到的信号出现一次最小值后又回到最大值。

因此,可以通过反射板(A 或 B)改变的距离来计算微波波长,计算公式为

$$\Delta d = N \frac{\lambda}{2} \tag{1-6}$$

式中:Δd 表示反射板改变的距离;N 为出现接收信号到信号幅度最小值的次数。

四、实验步骤

(1) 按图 1-17 所示布置实验仪器,C 与各支架的夹角为 45°。接通电源,调节电流表挡位及衰减器强弱,使电流表显示的电流值适中。

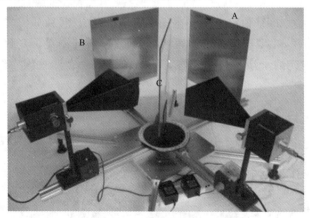

图 1-17　迈克尔逊干涉实验实物图

（2）移动反射板 A，观察电流表读数的变化，当电流表上数值最大时，记录反射板 A 所处位置的刻度 X_1。

（3）向外（或内）缓慢移动 A，注意观察电流表读数的变化，当电流表读数出现至少 10 个最小值并再次出现最大值时停止，记录这时反射板 A 所处位置的刻度 X_2，并记录经过的最小值次数 N。

（4）根据式（1-6），计算微波的波长。

（5）A 不动，操作 B，重复以上步骤，记录数据于表 1-10 中。

表 1-10　迈克尔逊干涉实验表格

测量次数	X_1/cm	X_2/cm	$\Delta d = \|X_1 - X_2\|$/cm	N	λ/cm	$\bar{\lambda}$/cm	与理论值误差
1							
2							绝对误差：
3							相对误差：
4							

五、思考题

（1）简述迈克尔逊干涉仪能够发生干涉的条件。

（2）分析并概括迈克尔逊干涉仪的应用及其注意事项。

实验 10　纤 维 光 学

一、实验目的

了解电磁波在纤维中的传播特性。

二、实验仪器

发射器组件，接收器组件，平台，塑料颗粒袋（聚苯乙烯丸）。

三、实验原理

光不仅能在真空中传播，而且在有些物质中的穿透率也很好，如玻璃。玻璃光纤是由很细且柔软的玻璃丝组成的，对激光起传输作用，就像铜线对电脉冲的传输作用一样。因为微波有光的共性，所以微波能在纤维中传输。

四、实验步骤

（1）发射器和接收器置于中心平台的两侧并正对，两喇叭距离约为 15 cm，调节衰减器强弱和电流表挡位，使电流表读数适中，并记录电流表读数。

（2）把装有聚苯乙烯丸的布袋的一端放入发射器喇叭，观察并记录电流表读数的变化。再把布袋的另一端放入接收器喇叭，再次观察并记录电流表读数的变化。

（3）移开管状布袋，转动装有接收器的活动臂，使电流表读数为零，再把布袋的一端放入发射器喇叭，把布袋的另一端放入接收器喇叭，如图 1-18 所示，注意电流表的读数。

（4）改变管状布袋的弯曲度,观察其对信号强度有什么影响。随着径向曲率的变化,信号是逐渐变化还是突然变化？曲率半径为多大时信号开始明显减弱？

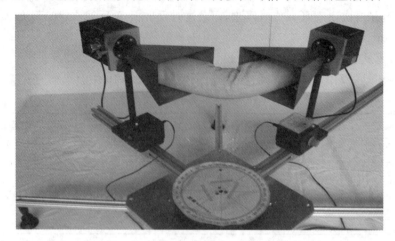

图 1-18　弯曲的纤维传播装置布置图

五、思考题

（1）以电磁波理论为基础,简述光在纤维中传输的理论,并分析其传输特点。

（2）学习了解纤维光学在光学领域中的应用,理解相干光控的概念,并分析其优点。

实验 11　布儒斯特角

一、实验目的

了解电磁波的偏振特性,并找到布儒斯特角。

二、实验仪器

发射器组件,接收器组件,平台,中心支架,透射板。

三、实验原理

当自然光以一特殊的角度入射到电介质表面,反射光是偏振光时,这个角称为布儒斯特角,此时反射光线与折射光线垂直。

电磁波从一种介质进入另一种介质时,在介质的表面通常有一部分波被反射。在本实验中将看到反射信号的强度与电磁波的偏振有关。实际上,在某一入射角（即布儒斯特角）时,有一个角度的偏振波的反射率为零。

四、实验步骤

（1）按图 1-19 所示布置实验仪器。接通电源,使发射器和接收器都水平偏振（两喇叭的宽边水平）。将电流表置于"×1"挡,调节衰减器强弱,使电流表的电流显示值为3/4 量程左右。

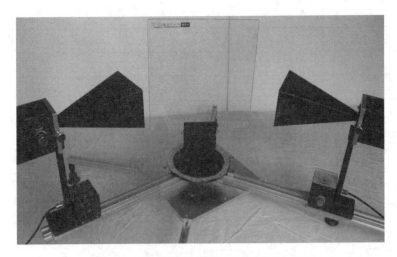

图 1-19 布儒斯特角实验实物图（水平偏振）

（2）调节透射板，使微波入射角为 80°，转动活动支架，使接收器反射角等于入射角。再调整衰减器强弱，使电流表的电流显示值约为 1/2 量程。

（3）松开喇叭止动旋钮，旋转发射器和接收器的喇叭，使它们垂直偏振（两喇叭的窄边水平），按图 1-20 所示布置仪器，记录电流表的读数于表 1-11 中。

图 1-20 布儒斯特角实验实物图（垂直偏振）

（4）根据表 1-11 设置入射角，分别记录各入射角度在水平偏振和垂直偏振条件下的电流值（表格中设置的角度可能没有布儒斯特角，需要实验者在实验中根据测试数据，自行寻找）。

（5）观察表 1-11 中的数据，在垂直偏振方向上找出布儒斯特角。

表 1-11 布儒斯特角实验表格

入射角度	电流表读数（水平偏振）	电流表读数（垂直偏振）
80°		
75°		
70°		

入射角度	电流表读数(水平偏振)	电流表读数(垂直偏振)
65°		
60°		
55°		
50°		
45°		
40°		
35°		

五、思考题

（1）根据折射定律（$n_1 \sin\theta_1 = n_2 \sin\theta_2$）证明布儒斯特角等于两种介质折射率之比的反正切（$\theta_1$ 为入射角，θ_2 为反射角）。

（2）简述布儒斯特角在电磁波领域的应用。

2

微波与天线工程实验

2.1 微波实验系统概述

微波技术是近代发展起来的一门尖端科学技术,不仅在通信、原子能技术、空间技术、量子电子学以及农业生产等方面有着广泛的应用,在科学研究中也是一种重要的观测手段。微波的研究方法和测试设备都与无线电波的不同,无论在处理问题时运用的概念和方法上,还是在实际应用的微波系统的原理和结构上,都与普通无线电不同。微波实验是近代物理实验的重要组成部分。

一、系统实验目的

本系统是微波参数实验系统,它是由 3 cm 微波波导元件组成的,与选件配套组成各种实验系统。学生通过实验学习可掌握下列基本知识。

(1) 了解各种微波器件。

(2) 了解微波工作状态及传输特性。

(3) 了解微波传输线场型特性。

(4) 熟悉驻波、衰减、波长(频率)和功率的测量。

(5) 学会测量微波介质材料的介电常数和损耗角正切值。

二、主要技术规格

(1) 频率范围:8600~9600 MHz。

(2) 波导标准:BJ100(GB 11450.2—1989)。

(3) 法兰盘型号:FB100。

(4) 供电要求:实验用各种仪器均需用交流稳压电源。

三、常用微波元件及设备简介

(1) 波导管:本实验所使用的波导管型号为 BJ100,其内腔尺寸为 $a=22.86$ mm,$b=10.16$ mm。其主模频率范围为 8.20~12.50 GHz,截止频率为 6.557 GHz。

(2) 隔离器(见图 2-1):位于磁场中的某些铁氧体材料对来自不同方向的电磁波有不同的吸收,经过适当调节,可使其对微波具有单方向传播的特性。隔离器常用于振荡器与负载之间,起隔离和单向传输作用。

（3）衰减器（见图2-2）：把一片能吸收微波能量的吸收片垂直于矩形波导的宽边，纵向插入波导管即成，用以部分衰减传输功率，沿着宽边移动吸收片可改变衰减量的大小。衰减器起调节系统微波功率以及去耦合的作用。

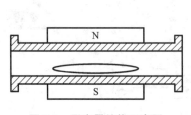

图 2-1　隔离器结构示意图

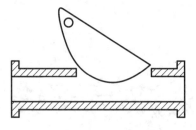

图 2-2　衰减器结构示意图

（4）谐振式频率计（波长表）：电磁波通过耦合孔从波导进入频率计的空腔中，当频率计的腔体失谐时，腔里的电磁场极为微弱，此时，它基本上不影响波导中波的传输。当电磁波的频率满足空腔的谐振条件时，发生谐振，反映到波导中的阻抗发生剧烈变化，相应地，通过波导中的电磁波信号强度将减弱，输出幅度将出现明显的跌落，从刻度套筒可读出输入微波谐振时的刻度，通过查表可得知输入微波谐振的频率（见图2-3）；或从刻度套筒直接读出输入微波的频率（见图2-4）。两种结构方式都是以活塞在腔体中位移距离来确定电磁波的频率，不同的是，图2-3读取刻度的方法测试精度较高，通常可做到 5×10^{-4}，价格较低。而图2-4读取频率刻度的方法，由于频率刻度套筒加工受到限制，频率读取精度较低，一般只能做到 3×10^{-3} 左右，且价格较高。

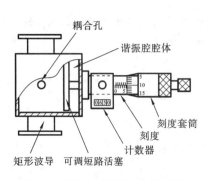

图 2-3　谐振式频率计结构原理图一

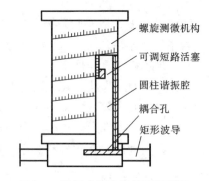

图 2-4　谐振式频率计结构原理图二

（5）驻波测量线：驻波测量线是测量微波传输系统中电场的强弱和分布的精密仪器。波导的宽边中央开有一个狭槽，金属探针经狭槽伸入波导中。由于探针与电场平行，电场的变化使探针上感应出的电动势经过晶体检波器变成电流信号输出。

测量线由开槽波导、不调谐探头和滑架组成。开槽波导中的场由不调谐探头取样，探头的移动靠滑架上的传动装置，探头的输出送到显示装置，就可以显示沿波导轴线的电磁场变化信息。DH364A00型3 cm测量线外形如图2-5所示。

测量线波导是一段精密加工的开槽直波导，此槽位于波导宽边的正中央，平行于波导轴线，不切割高频电流，因此对波导内的电磁场分布影响很小。此外，槽端还有阶梯匹配段，两端有尺寸精确的定位和连接孔，从而保证开槽波导有很低的剩余驻波系数。

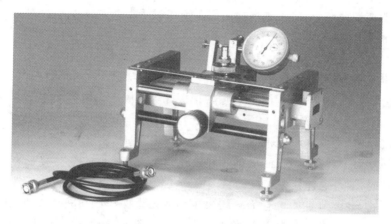

图 2-5 DH364A00 型 3 cm 测量线外形

不调谐探头由检波二极管、吸收环、盘形电阻、弹簧、接头和外壳组成,安放在滑架的探头插孔中。不调谐探头的输出为 BNC 接头,检波二极管经过加工改造的同轴检波管,其内导体作为探针伸入开槽波导中。因此,探针与检波晶体之间的长度最短,可以不经调谐而达到电抗小、效率高、输出响应平坦。

滑架是用来安装开槽波导和不调谐探头的,滑架结构外形图如图 2-6 所示。把不调谐探头放入滑架的探头插孔中,锁紧螺钉,即可把不调谐探头固紧。探针插入波导中的深度,用户可根据情况适当调整。出厂时,探针插入波导中的深度为 1.5 mm ,约为波导窄边尺寸的 15%。

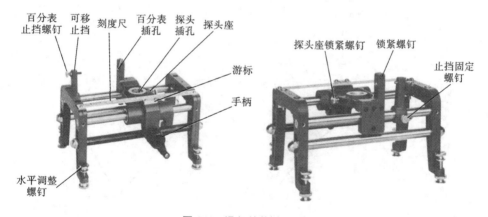

图 2-6 滑架结构外形图

① 水平调整螺钉:用于调整测量线高度。

② 百分表止挡螺钉:细调百分表读数的起始点。

③ 可移止挡:粗调百分表读数。

④ 刻度尺:指示探针位置。

⑤ 百分表插孔:插百分表用。

⑥ 探头插孔:装不调谐探头。

⑦ 探头座:可沿开槽线移动。

⑧ 游标:与刻度尺配合,提高探针位置读数的分辨率。

⑨ 手柄:旋转手柄,可使探头座沿开槽线移动。

⑩ 探头座锁紧螺钉:将不调谐探头固定于探头插孔中。

⑪ 锁紧螺钉:安装夹紧百分表用。

⑫ 止挡固定螺钉:将可移止挡固定在所要求的位置上。

⑬ 定位垫圈(图 2-6 中未示出):用来控制探针插入波导中的深度。

在分析驻波测量线时,为了方便,通常把探针等效成一导纳 Y_u 与传输线并联,如图 2-7 所示。其中 G_u 为探针等效电导,反映探针吸取功率的大小,B_u 为探针等效电纳,表示探针在波导中产生反射的影响。当终端接任意阻抗时,由于 G_u 的分流作用,驻波腹点的电场强度要比真实值小,而 B_u 的存在使驻波腹点和节点的位置发生偏移。当测量线终端短路时,如果探针放在驻波的波节点 B 上,由于此点处的输入导纳 $Y_{in} \to \infty$,故 Y_u 的影响很小,驻波节点的位置不会发生偏移。如果探针放在驻波腹点,由于此点上的输入导纳 $Y_{in} \to 0$,故 Y_u 对驻波腹点的影响就特别明显,探针呈容性电纳时将使驻波腹点向负载方向偏移,如图 2-8 所示。所以探针引入的不均匀性,将导致场的图形畸变,使测得的驻波波腹值下降而波节点略有增高,造成测量误差。欲使探针导纳影响变小,探针深度愈浅愈好,但这时在探针上的感应电动势也变小了。通常的选用原则是,在指示仪表上有足够的指示下,尽量减小探针深度,一般采用的深度应小于波导高度的 $10\% \sim 15\%$。

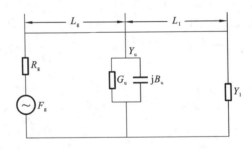

图 2-7　探针等效电路

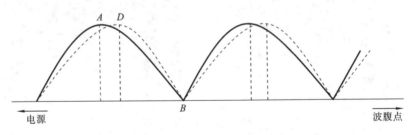

图 2-8　探针电纳对驻波分布图形的影响

（6）晶体检波器:从波导宽壁中点耦合出两宽壁间的感应电压,经微波二极管进行检波,调节其短路活塞位置,可使检波管处于微波的波腹点,以获得最高的检波效率。

（7）匹配负载:波导中装有吸收微波能量很好的电阻片或吸收材料,它几乎能全部吸收入射波能量。

（8）环行器:它是使微波能量按一定顺序传输的铁氧体器件。主要结构为波导 Y 形接头,在接头中心放一铁氧体圆柱(或三角形铁氧体块),在接头外面有 U 形永磁铁,它提供恒定磁场 H_0。当能量从 1 端口输入时,只能从 2 端口输出,3 端口隔离,同样,当能量从 2 端口输入时,只能从 3 端口输出,1 端口无输出,以此类推,即得能量传输方向为 1→2→3→1 的单向循环(见图 2-9)。

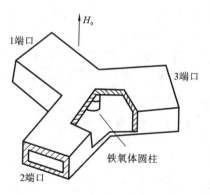

图 2-9　Y 形环形器示意图

(9) 单螺调配器:一个插入矩形波导中的深度可以调节的螺钉,并沿矩形波导宽壁中心的无辐射缝做纵向移动,通过调节探针的位置使负载与传输线达到匹配状态(见图 2-10)。调配过程的实质,就是使单螺调配器产生一个反射波,其幅度与失配元件产生的反射波幅度相等,但相位相反,从而抵消失配元件在系统中引起的反射而达到匹配。

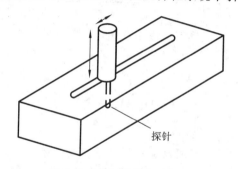

图 2-10　单螺调配器示意图

(10) 微波源:提供所需微波信号,频率范围在 8.6～9.6 GHz 可调,工作方式有等幅、方波、外调制等,实验时根据需要加以选择。

(11) 选频放大器:用于测量微弱低频信号,信号经升压、放大,选出 1 kHz 附近的信号,经整流平滑后由输出级输出直流电平,由对数放大器展宽供给指示电路检测。

(12) 特斯拉计(高斯计):是测量磁场强度的一种仪器,用它可以测量电磁铁的电流与磁场强度的对应关系。

2.2　微波工程实验

实验 1　微波测试系统的认识与调试

一、实验目的

(1) 了解微波测试系统。

(2) 3 cm 波导系统的安装与调试。

二、实验原理

1. 微波测试系统

常用的微波测试系统有同轴和波导两种系统。同轴系统频带宽,一般用在较低的微波频段(2 cm 波段以下);波导系统(常用矩形波导)损耗低、功率容量大,一般用在较高频段(毫米波段至厘米波段)。

微波测试系统通常由三部分组成,如图 2-11 所示。

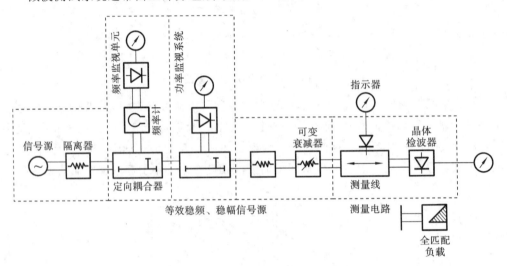

图 2-11 微波测试系统

(1) 等效电源部分(即发送端)。

这部分包括微波信号源、隔离器、频率计、频率监视单元。

信号源是微波测试系统的心脏。测量技术要求具有足够功率的电平和一定频率的微波信号,同时要求一定的功率和频率稳定度。频率计和频率监视单元是由定向耦合器取出一小部分微波能量,经过检测指示来观察信号源的稳定情况,以便及时调整。为了减小负载对信号源的影响,电路中采用了隔离器。

(2) 测量装置部分(即测量电路)。

这部分包括测量线、调配元件、待测元件、辅助器件(如短路器、全匹配负载等)以及电磁能量检测器(如晶体检波器、功率计探头等)。

(3) 指示器部分(即测量接收器)。

指示器是显示测量信号特性的仪表,如直流电流表、测量放大器、功率计、示波器、数字频率计等。

当对微波信号的功率和频率稳定度要求不太高时,测量系统可简化,如图 2-12 所示,微波信号源直接与测量装置连接,其工作频率可由频率计测得。

2. 微波信号源

通常,微波信号源有电真空和固态两种。

(1) 测量指示器。

常用测量指示器有指示等幅波的直流微安表、光电检流计、微瓦功率计,有指示调制波的测量放大器、选频放大器。此外,还可用示波器、数字电压表等作测量指示器。

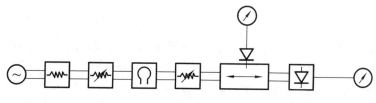

图 2-12 微波测试系统简化图

实验室常用测量放大器和选频放大器作测量指示器,因为这类仪表灵敏度高,能对微弱信号进行带宽或选频放大,接在测量线、晶体检波器、热敏电阻架及其他测试设备的输出端可进行各类测量。

(2)负载。

该系统共有以下三种负载。

① 短路膜片:将其接在测量线终端,此时输入功率全部被反射回去,测量线内形成纯驻波状态。

② 可调短路活塞:作用与短路膜片相同,但短路面可以移动。

③ 任意负载:由一个匹配负载和一个螺钉组成。螺钉的纵向位置和插入矩形波导中的深度可调,当插入波导中的深度不同时,等效为不同的电抗值,因此可等效不同的负载。

三、实验内容和步骤

了解微波测试系统,并进行调整。

(1)观看如图 2-11 所示的微波测试系统。

(2)观看常用微波元件的形状、结构,并了解其作用、主要性能及使用方法。常用元件有铁氧体隔离器、衰减器、频率计(或称波长表)、定向耦合器、晶体检波器、全匹配负载、波导-同轴转换器等。

(3)测量线终端接短路片,来回移动探针位置,观察选频放大器指示值的变化情况。

(4)移动探针位置,调节可变衰减器衰减量、指示器灵敏度和选频放大器上的调零旋钮,使放大器指示值在 0~100 变化,如不能到达最大值,应使其尽可能的大,方便观察。如发现指针超过最大刻度 100,说明此时功率过大,此时应调整可变衰减器,增加衰减量,若发现无指示(不能到达 0),则减小衰减。

四、注意事项

(1)信号源选择点频、方波(或教学)状态。

(2)选频放大器输入电压开关选择"×1"挡,频率按键选择"1 Hz"挡,量程选择"×1"挡。

(3)旋钮,移动时要轻,而且均匀。

五、实验报告要求

写出所用设备及仪器名称,画出测试装置图。

六、思考题

（1）开启电源前，为何将衰减器衰减量置于最大，而将指示器灵敏度置于最小位置？

（2）纵向开槽为何开在宽边中线处？

实验2　波导波长测量

一、实验目的

（1）熟悉测量线的使用方法。

（2）掌握计算波导波长的方法。

二、实验原理

1. 测量系统的连接与调整

进行微波测量，首先必须正确连接与调整微波测试系统。图 2-13 所示的是实验室常用的微波测试系统，信号源通常位于左侧，待测元件接在右侧，以便于操作。连接系统平稳，各元件接头对准。晶体检波器输出引线应远离电源和输入线路，以免干扰。如果系统连接不当，则会影响测量精度，产生误差。

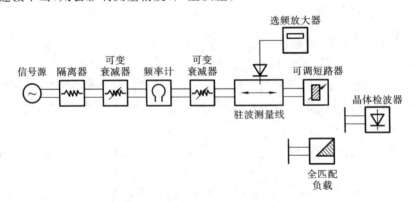

图 2-13　实验室常用的微波测试系统

系统调整主要指信号源和测量线的调整以及晶体检波器的校准。信号源的调整包括调整振荡频率、功率电平及调制方式等。本实验讨论驻波测量线的调整。

2. 驻波测量线的调整及波长测量

（1）驻波测量线的调整。

驻波测量线是微波系统的一种常用测量仪器，它在微波测量中用途很广，如测驻波、阻抗、相位、波长等。

驻波测量线通常由开槽传输线、探头（耦合探针、探针的调谐腔体和输出指示）、传动装置三部分组成。由于耦合探针伸入传输线而引入不均匀性，其作用相当于在传输线上并联一个导纳，从而影响系统的工作状态。为了减小其影响，测试前必须仔细调整驻波测量线。

实验中驻波测量线的调整一般包括选择合适的探针旋进深度、探头和测定晶体检波特性。

探针电路的调谐方法:先使探针旋进深度适当,通常取 1.0～1.5 mm;然后驻波测量线终端接全匹配负载,移动探针至测量线中间部位,调节探头活塞,直到输出指示最大。

(2)波长测量。

波长测量常见的方法有谐振法和驻波分布法。

① 用谐振式波长计测量。调节波长计,使得指示器指针达到最大值,记录此时的波长计刻度,查表,确定波长计谐振频率,再根据 $\lambda = c/f$,计算出信号源的工作波长。

② 用驻波测量线测量。当测量线终端短路时,传输线上形成纯驻波,移动测量线探针,测出两个相邻驻波最小点之间的距离,即可求得波导波长,再根据式(2-2)计算出工作波长。

③ 将精密可调短路器接在测量线的输出端,置测量线探针于某一波节点位置不变,移动可调短路器活塞,则探针检测值由最小逐渐增至最大,然后又减至最小,即为相邻的另一个驻波节点,短路器活塞移动的距离等于半个波导波长。

在传输横电磁波的同轴系统中,按上述方法测出的波导波长就是工作波长,即 $\lambda_p = \lambda$,而在波导系统中,测量线测出的是波导波长 λ_p,根据波导波长和工作波长之间的关系式

$$\lambda_p = \frac{\lambda}{\sqrt{1 - \left(\frac{\lambda}{\lambda_c}\right)^2}} \tag{2-1}$$

便可算出工作波长

$$\lambda = \frac{\lambda_p}{\sqrt{1 + \left(\frac{\lambda_p}{\lambda_c}\right)^2}} \tag{2-2}$$

式中:$\lambda_c = 2a$,a 为波导宽边尺寸。本系统矩形波导型号为 BJ-100($a \times b = 22.86$ mm $\times$ 10.16 mm)。为了提高测量精度,通常采用交叉读数法确定波节点位置,并测出几个波长,求其平均值。所谓交叉读数法是指在波节点附近找出电表指示数相等的两个对应位置 d_{11},d_{12},d_{21},d_{22},然后分别取其平均值作为波节点位置,如图 2-14 所示。

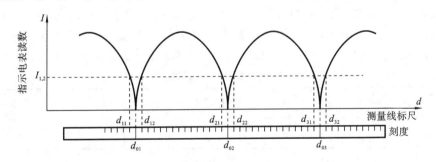

图 2-14 交叉读数法测量驻波节点位置

$$d_{01} = \frac{1}{2}(d_{11} + d_{12}) \tag{2-3}$$

$$d_{02} = \frac{1}{2}(d_{21} + d_{22}) \tag{2-4}$$

$$\lambda_g = 2|d_{01} - d_{02}| \tag{2-5}$$

三、实验仪器及装置图

实验仪器及装置图如图 2-15 所示。

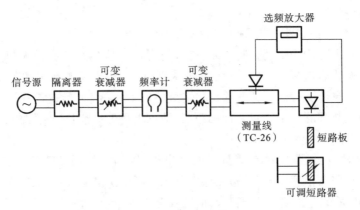

图 2-15   实验仪器及装置图

四、实验内容及步骤

1. 调整测量线

(1) 参照图 2-15 连接各微波元件,并按实验 1 进行调整。

(2) 调整微波信号源,获得最佳方波调制输出功率。

(3) 调整测量线:① 测量线终端接匹配负载,并将探头晶体检波输出端接选频放大器;② 转动探头上部的调节螺母来调整探针插入深度,其读数由顶部标尺刻度指示(单位为 mm),插入深度为 1~1.5 mm。调节探针回路(调银白色活塞),使指示器读数最大,再调节检波回路(黑色活塞),使指示器读数最大。

2. 波导波长的测量

(1) 用谐振式波长计测量。调节波长计,移动测量线上探针位置,使得选频放大器指示器指针达到最大值,然后缓慢调整波长计,同时观察选频放大器指示器读数,当波长计调到某一位置时,会观察到指针出现明显变化(读数变小),记录此时的频率计刻度,查表,确定波长计谐振频率,即信号源的工作频率,再根据 $\lambda = c/f$ 计算出信号源工作波长,然后根据式(2-1)计算波导波长。将上述数据填入表 2-1 中。

表 2-1   波长计测量数据表

信号源工作频率	波长计刻度	工作频率	工作波长	波导波长

(2) 测量线终端换接短路板,移动探针至驻波节点,然后在此波节点两边以一个适当的读数为参考,记录相应探针的位置 d_{11},d_{12},将探针移动到相邻的波节点上,用同样的方法读取 d_{21},d_{22},并计算波导波长 λ_p,由式(2-2)计算工作波长 λ,将上述测量和计算数据填入表 2-2 中。

(3) 将精密可调短路器接在测量线的输出端,调整测量线探针,使其位于某一波节点位置不变,移动可调短路器活塞,在波节点两边以一个适当的读数为参考,记录相应

表 2-2 计算波导波长和工作波长(一)　　　　　　单位:mm

次数 n	d_{11}	d_{12}	d_{01}	d_{21}	d_{22}	d_{02}	λ_{pn}	$\bar{\lambda}_p$
1								
2								
3								
4								
5								

注意:每次要取不同的过波节点电流 $I_{1,2}$ 的值。

活塞的短路面位置(读活塞上的刻度)d_{11},d_{12},移动活塞,观察指示器刻度从 0 变到最大,又变到 0,即到达另外一个波节点,用同样的方法读取 d_{21},d_{22},并计算波导波长 λ_p,由式(2-2)计算工作波长 λ,将数据填入表 2-3 中。

表 2-3 计算波导波长和工作波长(二)　　　　　　单位:mm

次数 n	d_{11}	d_{12}	d_{01}	d_{21}	d_{22}	d_{02}	λ_p	$\bar{\lambda}_p$
1								
2								
3								

注意:① 活塞长度为 40 mm,第一个波节点位置应选择靠近活塞左边或右边;
　　　② 选择不同的参考值记录数据。

五、实验报告要求

(1) 写出实验目的与任务。
(2) 阐述系统组成元件的基本原理与作用。
(3) 说明整个系统的工作原理。
(4) 给出测量数据及结果,并进行分析。
(5) 不少于 200 字的实验心得,可以是实验中遇到的问题,从实验中学到的知识,或做实验时的体会。

六、思考题

(1) 为什么不用开路波导实现纯驻波状态?
(2) 分析隔离器和可变衰减器的工作原理。
(3) 为什么不容易直接精确测量波节位置?

实验 3　晶体检波特性校准

一、实验目的

(1) 熟悉测量线的使用方法。
(2) 掌握校准晶体检波器特性的方法。

二、实验原理

微波频率很高,通常用检波晶体(微波二极管)将微波信号转换成直流信号来检测。晶体二极管是一种非线性元件,即检波电流 I 与场强之间不是线性关系。

检波电流与加在晶体二极管上的电压关系为

$$I = CU^n \tag{2-6}$$

式中:n 是晶体二极管检波律(简称晶体检波律),当 $n=1$,$I \propto |U|$ 时,晶体检波称线性检波;当 $n=2$,$I \propto |U|^2$ 时,晶体检波称平方律检波。

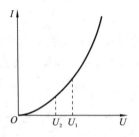

图 2-16 晶体二极管检波特性

晶体二极管检波特性随其端电压变化而变化,当其端电压较小时,呈现出平方律;当其端电压较大时,呈现出线性规律,如图 2-16 所示。由图 2-16 可见,当 $U > U_1$ 时,近似线性;当 $U < U_2$ 时,呈现出平方规律;当 $U_2 < U < U_1$ 时,晶体检波律 n 不是整数。因此,加在晶体二极管两端电压变化幅度较大时,n 就不是常数,所以在精密测量中必须对晶体检波律进行标定。

测量线探针在波导中感应的电动势(即晶体二极管两端电压 U)与探针所在处的电场 E 成正比,因而,检波电流和波导中的场强同样满足关系式:

$$I = C'E^n \tag{2-7}$$

故要从检波电流读数值决定电场强度的相对值,就必须确定晶体检波律 n。当 $n=2$ 时,该检波电流读数即为相对功率指示值。

实验室常用的晶体定标方法是驻波法,有如下两种测量方法。

(1) 第一种方法:测量指示器读数与相对场强的关系曲线。

当测量线终端短路时,沿线各点电场分布为

$$|E| = \left| E_m \sin \frac{2\pi}{\lambda_p} d \right| \tag{2-8}$$

$$|E'| = \left| \frac{E}{E_m} \right| = \left| \sin \frac{2\pi}{\lambda_p} d \right| \tag{2-9}$$

式中:d 是探针位置与电压波节点的距离。

若电流波腹点处的电流为 I_m,由式(2-7),式(2-8)和式(2-9)得

$$|I'| = \left| \frac{I}{I_m} \right| = \left| \sin \left(\frac{2\pi d}{\lambda_p} \right) \right|^n = |E'|^n \tag{2-10}$$

对式(2-10)两边取对数得

$$\lg |I'| = n \lg |E'|$$

即

$$n = \frac{\lg |I'|}{\lg |E'|} = \frac{\lg |I'|}{\lg \left| \sin \left(\frac{2\pi d}{\lambda_p} \right) \right|} \tag{2-11}$$

将 I' 与 $\left| \sin \frac{2\pi}{\lambda_p} d \right|$ 直接标在全对数坐标纸上,即为晶体检波曲线,放在对数坐标纸上连成平滑曲线,即为 $\lg I - \lg \left| \sin \frac{2\pi d}{\lambda_p} \right|$ 对数曲线,曲线的斜率就是晶体检波律 n。

（2）第二种方法。

测量线终端短路，测出两个半峰值读数间的距离 W，如图 2-17 所示，则晶体检波律 n 为

$$n = \frac{\lg 0.5}{\lg \cos\left(\dfrac{\pi W}{\lambda_p}\right)} \qquad (2\text{-}12)$$

根据测定的晶体检波律，即能得到晶体平方律检测工作范围。

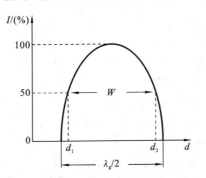

图 2-17　按半峰点距离求晶体检波律

实验中，大多数微波测试系统属于小信号工作状态，因此，晶体检波律基本为平方律，如果不是精密测量，可取 $n=2$。

三、实验仪器及装置图

实验仪器及装置图如图 2-18 所示。

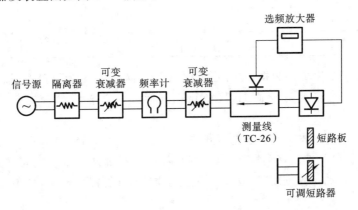

图 2-18　实验仪器及装置图

四、实验内容及步骤

（1）把探针放在先前测出的一个波节点上，注意选取时尽量选测量线中间的点，此时读数比较准确。向着同一个方向，间隔 1 mm 移动探针，读出此时选频放大器的指针读数，记录下来，再移动 1 mm，依此类推，直到一个相邻的波腹点。把测得的数据填入表 2-4。每一个读数相对应的归一化场强值由式（2-9）计算。

表 2-4 晶体二极管检波特性定标(一)

波导波长_____ mm						波节点位置 d_0 _____ mm					
测量点与波节点距离 d/mm	0	1	2	3	4	5	6	7	8	9	10	11
电表指示读数 I												
相对场强 $\bar{E}$												

(2)根据表 2-4 中的数据,在方格纸上以 I 为横坐标,$\bar{E}$ 为纵坐标,绘制 I-$\bar{E}$ 晶体定标曲线,即为晶体管的检波特性曲线。

注意:读数较小时,可以把选频放大器开关调到"×0.1"挡,此时选频放大器指示器读数放大了 10 倍,记录数值后把量程重新调回"×1"挡。除此之外,还可以按照表 2-5 的方法进行定标,原理相同(选做)。

表 2-5 晶体二极管检波特性定标(二)

指示器输入电压开关挡位		FD-1"×_____"(或 XF-01"_____ dB")									
波导波长 λ_{g1} =_____ mm					波节点位置 d_0 =_____ mm						
相对电场强度 E'	0.0	0.1	0.2	0.3	0.4	0.5	0.6	0.7	0.8	0.9	1.0
测量点与波节点距离 d/mm	0	$\dfrac{\lambda_{g1}}{63}$	$\dfrac{\lambda_{g1}}{31.3}$	$\dfrac{\lambda_{g1}}{20.6}$	$\dfrac{\lambda_{g1}}{15.3}$	$\dfrac{\lambda_{g1}}{12}$	$\dfrac{\lambda_{g1}}{9.8}$	$\dfrac{\lambda_{g1}}{8.1}$	$\dfrac{\lambda_{g1}}{6.8}$	$\dfrac{\lambda_{g1}}{5.6}$	$\dfrac{\lambda_{g1}}{4}$
测量点实际位置											
指示电表读数 I/(%)											

(3)根据表 2-4 中的数据,在方格纸上以 E' 为横坐标,I' 为纵坐标,描绘 I'-E' 晶体定标曲线,用对数坐标纸绘制 $|\lg I'|$-$|\lg E'|$ 曲线,计算直线部分的斜率,说明物理意义。

(4)不改变选频放大器输入电压开关,移动探针至波腹点,再调整微波衰减器使指示电表达到满刻度;然后移动探针,分别找出波腹点相邻两边指示电表读数,$I_左$、$I_右$ 为 "50"时探针对应的位置刻度 d_1、d_2。列表记录数据,计算晶体检波律,与实验 2 算得的 n 值比较。

(5)将选频放大器开关置于"×10"挡,重复步骤(4)。比较输入电压开关置于不同挡时分别测得的晶体检波律 n。

五、注意事项

(1)测量波导波长或其他微波参量时,测量线探针位置及短路活塞位置必须朝一个方向移动,以免引起回差。

(2)用交叉读数法测纯驻波节点时,微波衰减量必须置于最小值,以提高指示器灵敏度,但在移动测量线时,必须同时加大衰减量或降低指示器灵敏度,以防晶体管烧毁或指示电表过载而损坏。

（3）当微波信号源工作频率改变时,测量线必须重新调整。

六、思考题

（1）阅读实验指导书,了解测量线的调整方法。
（2）推导式(2-12)。

实验 4 电压驻波比的测量

由于微波的波长很短,传输线上的电压、电流既是时间的函数,又是位置的函数,使得电磁场的能量分布于整个微波电路而形成"分布参数",导致微波的传输与普通无线电波完全不同。此外微波系统的测量参量是功率、波长和驻波参量,这与低频电路不同。

一、实验目的

掌握大、小电压驻波系数的测量原理和方法。

二、实验原理

驻波测量是微波测量中最基本和最重要的内容之一,通过驻波测量可以测出阻抗、波长、相位和 Q 值等其他参量。在测量时,通常测量电压驻波系数,即波导中电场振幅最大值与最小值之比,即

$$\rho = \frac{E_{\max}}{E_{\min}} \qquad (2\text{-}13)$$

测量电压驻波比的方法和仪器种类很多,本实验着重熟悉用驻波测量线测驻波系数的下列方法。

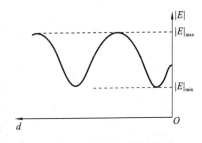

图 2-19 无耗线上的驻波图

1. 直接法

直接测量沿线驻波的最大和最小场强(见图 2-19),根据式(2-13)直接求出电压驻波比的方法称直接法。该方法适用于测量中、小电压驻波比。当螺钉旋进波导中的深度 d 很小时,可以看成是中、小电压驻波比。

如果驻波腹点和节点处指示电表读数分别为 $I_{\max}$ 和 $I_{\min}$,且晶体二极管为平方律检波,则式(2-13)变为

$$\rho = \sqrt{\frac{I_{\max}}{I_{\min}}} \qquad (2\text{-}14)$$

当电压驻波比 $1.05 < \rho < 1.5$ 时,驻波的最大值和最小值相差不大,且波腹、波节平坦,难以准确测定。为了提高测量精度,可移动探针测出几个波腹和波节点的数据,然后取其平均值,即

$$\bar{\rho} = \sqrt{\frac{I_{\max 1} + I_{\max 2} + \cdots + I_{\max n}}{I_{\min 1} + I_{\min 2} + \cdots + I_{\min n}}} \qquad (2\text{-}15)$$

或

$$\bar{\rho}=\frac{1}{n}\left(\sqrt{\frac{I_{max1}}{I_{min1}}}+\sqrt{\frac{I_{max2}}{I_{min2}}}+\cdots+\sqrt{\frac{I_{maxn}}{I_{minn}}}\right) \tag{2-16}$$

当电压驻波比 $1.5<\rho<6$ 时，可直接测量场强最大值和最小值。

2. 等指示度法

等指示度法适用于测量大、中电压驻波比（$\rho>6$）。如果被测单元电压驻波比较大，则驻波腹点和节点电平相差悬殊，因而测量最大点和最小点电平时，使晶体工作在不同的晶体检波律，故若仍按直接法测量电压驻波比，则误差较大。等指示度法是测量驻波图形节点附近的驻波分布规律，从而求得电压驻波比的方法，因此能克服直接法测量的缺点。

等指示度法测量电压驻波比如图 2-20 所示，设 I_{min} 为驻波节点指示值，$I_左$、$I_右$ 为驻波节点相邻两旁的等指示值，W 为等指示度之间的距离，终端反射系数为 Γ，则

$$k^{\frac{2}{n}}=\left(\frac{I_{左或右}}{I_{min}}\right)^{\frac{2}{n}}=\frac{1+|\Gamma|^2-|\Gamma|\cos\left(\frac{2\pi W}{\lambda_P}\right)}{(1-|\Gamma|)^2} \tag{2-17}$$

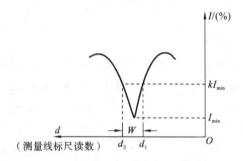

图 2-20　等指示度法测量电压驻波比

根据 $\cos\theta=2\cos^2\theta-1$ 及式 $|\Gamma|=\frac{\rho-1}{\rho+1}$，可得

$$\rho=\frac{\sqrt{k^{\frac{2}{n}}-\cos^2\left(\frac{\pi W}{\lambda_P}\right)}}{\sin\left(\frac{\pi W}{\lambda_P}\right)} \tag{2-18}$$

当探头为晶体平方律检波，$I_{左或右}=2I_{min}$ 时，电压驻波比为

$$\rho=\sqrt{1+\frac{1}{\sin^2\left(\frac{\pi W}{\lambda_P}\right)}} \tag{2-19}$$

这种方法也称为"二倍最小值法"或"三分贝法"。

当 $\rho\geqslant10$ 时，$\sin\left(\frac{\pi W}{\lambda_P}\right)$ 很小，则式（2-19）可简化为

$$\rho=\frac{\lambda_P}{\pi W} \tag{2-20}$$

3. 功率衰减法

功率衰减法适用于任意电压驻波比的测量，它用精密可变衰减器测量驻波腹点和节点两个位置上的电平差，从而测出电压驻波比。

改变测量系统中精密可变衰减器的衰减量,使探针位于驻波腹点和节点时指示电表的读数相同,则电压驻波比 ρ 为

$$\rho = 10^{\frac{A_{\max} - A_{\min}}{20}} \tag{2-21}$$

式中:$A_{\max}$,$A_{\min}$ 分别为探针位于波腹和波节点时精密衰减器的衰减量。

4. 利用检波特性曲线

这种方法可以求出任意范围的电压驻波比。具体过程如下:如果驻波腹点和节点处指示电表读数分别为 $I_{\max}$ 和 $I_{\min}$,在实验 3 做出的检波特性曲线的横坐标上找到 $I_{\max}$ 和 $I_{\min}$ 的刻度,在纵坐标上读出它们对应的归一化场强 $E_{\max}$ 和 $E_{\min}$,如图 2-21 所示;然后根据式(2-13)计算电压驻波比。并把所得结果与上述三种情况相比较,看有什么不同。

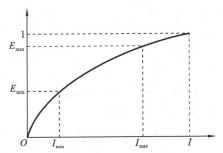

图 2-21 利用检波特性曲线求电压驻波比

三、实验仪器及装置图

实验仪器及装置图如图 2-22 所示。

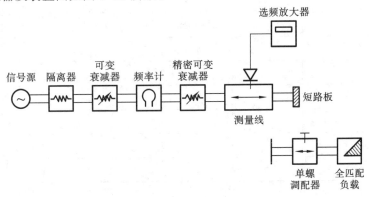

图 2-22 测试装置图

四、实验内容及步骤

1. 微波测试系统的调整

(1) 按图 2-22 检查测试系统,测量线终端接检波架,开启电源,预热各仪器。

(2) 按操作规程使信号源工作在方波调制状态,并获得最佳输出。

(3) 调整测量线,调整探针电路、检波电路,使测量线工作在最佳状态。调整输入功率电平,使晶体工作在平方律检波范围内。

2. 直接法测量螺钉的电压驻波比

（1）测量线终端接螺钉和匹配负载。

（2）移动测量线上探针的位置，观察选频放大器读数的变化情况；改变探针旋进深度 d，观察选频放大器读数的变化情况；改变探针的纵向位置，观察选频放大器读数的变化情况。

（3）分别测定螺钉旋进波导中的深度 d 为不同值时的驻波腹点和节点的幅值 I_{max} 和 I_{min}，填入表 2-6 中，分别用直接法和检波特性曲线计算电压驻波比 ρ，注意计算结果的区别。

表 2-6　螺钉旋进波导中的深度 d 为不同值时的电压驻波比

螺钉旋进深度 d/mm	0	1	2	3	4	5	6	7	8	9
I_{max}										
I_{min}										
直接法计算 ρ										
检波特性曲线计算 ρ										

3. 用等指示度法测量螺钉的电压驻波比

（1）调节螺钉旋进深度（约 4 mm），测量线探针移至驻波节点。

（2）缓慢移动探针，在驻波节点两旁找到电表指示读数为 $2I_{min}$ 的两个等指示度点，应用测量线标尺刻度读取两个等指示度点对应探针的位置读数值 d_1 和 d_2，重复 2 次，将数据记于表 2-7。

表 2-7　等指示度法测电压驻波比

螺钉旋进深度 d/mm	I_{min}	$2I_{min}$ 对应的探针位置		$W_n = \mid d_2 - d_1 \mid$ /mm	$\overline{W}$/mm	$\rho = \dfrac{\overline{\lambda}_P}{\pi \overline{W}}$
		d_1/mm	d_2/mm			
4						
5						
6						

（3）根据公式 $\rho = \dfrac{\overline{\lambda}_P}{\pi \overline{W}}$ 计算电压驻波比。

（4）调节螺钉旋进深度（分别为 5 mm、6 mm），重复步骤（2）（3）。

（5）与表 2-6 的结果进行比较。

五、实验报告要求

（1）写出实验目的与任务。

（2）说明整个系统的工作原理及电压驻波比的测量原理。

（3）给出测量数据及结果。

（4）实验结果分析。

（5）写出不少于 200 字的实验心得，可以是实验中遇到的问题，从实验中学到的知识，或者做实验时的感想与体会。

六、思考题

（1）用等指示度法测量 W 时，移动测量线探针位置应注意什么？

（2）推导式(2-17)，式(2-18)和式(2-19)。

（3）开口波导的电压驻波比 $\rho \neq \infty$，为什么？如何在波导终端获得一个真正的开口面，应采用什么方法？

（4）为什么在待测元件后面加匹配负载？

（5）分析小电压驻波比的测量原理。

（6）为什么不可以直接测量大电压驻波比？

（7）试简单分析功率衰减法测大电压驻波比的原理。

实验 5　天线 S 参数测量

一、实验目的

掌握矢量网络分析仪测量天线 S 参数的方法，学会对矢量网络分析进行电校准。

二、实验原理

矢量网络分析仪用于测量器件和网络的反射特性和传输特性，主要包括合成信号源、S 参数测试装置、幅相接收机和显示部分。合成信号源产生信号，此信号与幅相接收机中心频率实现同步扫描；S 参数测试装置用于分离被测单元的入射信号、反射信号和传输信号；幅相接收机将射频信号转换成频率固定的中频信号，为了真实测量出被测网络的幅度特性、相位特性，要求在频率变换过程中，被测信号幅度信息和相位信息都不能丢失，因此必须采用系统锁相技术；显示部分将测量结果以各种形式显示出来。矢量网络分析仪整机原理框图如图 2-23 所示。

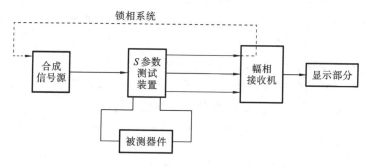

图 2-23　矢量网络分析仪整机原理框图

合成信号源：由源模块组件、时钟参考和小数环组成，用于信号的产生。

S 参数测试装置：由定向耦合器和开关构成，用于分离反射信号和入射信号。

幅相接收机：由取样/混频器、中高频处理和数字信号处理等部分组成，用于信号的下变频及中高频数字信号处理。

显示部分：由图形处理器、高亮度 LCD 显示器、逆变器组成，用于字符和图形的高亮度、高速显示。

三、实验仪器及装置图

矢量网络分析仪（PAN-X 5244B）一台，同轴线一根，校准器一个，待测天线一个。

将同轴线与矢量网络分析仪进行校准，矢量网络分析仪校准连接图如图 2-24 所示。

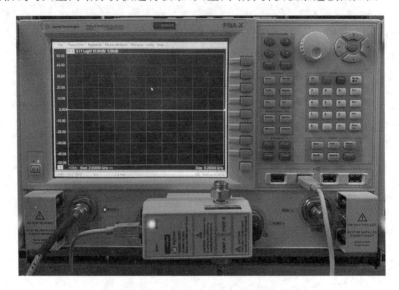

图 2-24　矢量网络分析仪校准连接图

四、实验内容及步骤

本次实验的主要内容是使用矢量网络分析仪进行天线 S 参数测量，主要分为两个部分，第一部分为校准，第二部分为天线测量。具体步骤如下。

（1）打开矢量网络分析仪，预热 15 min 左右。

（2）设置矢量网络分析仪测试频段范围。

（3）根据测试天线的端口数对矢量网络分析仪进行校准，使用低损耗同轴线将校准器与矢量网络分析仪连接。

（4）等待校准器指示灯变为绿色，表示完成校准。

（5）通过低损耗同轴线将被测天线与矢量网络分析仪连接，进行 S 参数测量。

（6）完成测量后，保存实验数据，关闭矢量网络分析仪。

五、实验报告要求

（1）写出实验目的与任务。

（2）说明反射的原理，对反射系数进行推导。

（3）给出测量数据及结果。

（4）写出不少于 200 字的实验心得，可以是实验中遇到的问题，从实验中学到的知识，或者做实验时的感想体会。

六、思考题

（1）矢量网络分析仪为什么要预热 15 min 左右？

（2）查阅资料，矢量网络分析仪校准除了用电校准方法，还能用其他校准方法吗？

实验 6　天线方向图测量

一、实验目的

（1）了解微波暗室，学会使用天线测试系统测量天线方向图。

（2）通过天线方向图的测量，理解天线方向性的含义。

（3）了解天线方向图形成和控制的方法。

二、实验原理

天线方向图是表征天线的辐射特性（场强振幅、相位、极化）与空间角度关系的图形。三维天线方向图是一个空间立体图形，如图 2-25 所示。

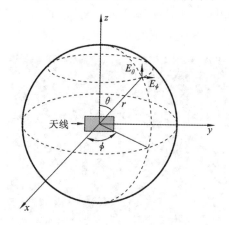

图 2-25　三维天线方向图

三维天线方向图是以天线相位中心为球心（坐标原点），在半径足够大的球面上，逐点测定其辐射特性绘制而成的。测量场强振幅，就得到场强振幅方向图；测量功率，就得到功率方向图；测量极化就得到极化方向图；测量相位就得到相位方向图。若不另加说明，所述的方向图均指场强振幅方向图。空间方向图的测绘十分麻烦，实际工作中，一般只需测得水平面和垂直面的方向图就行了。

天线方向图可以用极坐标绘制，也可以用直角坐标绘制。用极坐标绘制的特点是直观、简单，从天线方向图可以直接看出天线辐射场强的空间分布特性。但当天线方向图的主瓣窄而副瓣电平低时，直角坐标绘制显示出更大的优点，因为表示角度的横坐标和表示辐射强度的纵坐标均可任意选取。例如，即使不到 1° 的主瓣宽度也能用直角坐标清晰地表示出来，而用极坐标却无法绘制。一般绘制方向图时都是经过归一化的，即径向长度（极坐标）或纵坐标值（直角坐标）是以相对场强 $E(\theta,\phi)/E_{\max}$ 表示。这里，$E(\theta,\phi)$ 是任一方向的场强值，$E_{\max}$ 是最大辐射方向的场强。因此，归一化最大值是 1。对于极低副瓣电平天线的方向图，大多采用分贝值表示，归一化最大值取为零分贝。

天线测试系统框图如图 2-26 所示。其中,辅助天线用作发射,由功率信号发生器激励产生电磁波;待测天线用作接收,待测天线置于可以水平旋转的实验支架上,接收到的高频信号经检波器检波后送给电流指示器显示。

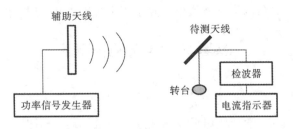

图 2-26 天线测试系统框图

三、实验仪器及装置图

微波暗室(见图 2-27)要屏蔽的不仅是可见光,还包括其他波长的电磁波。微波暗室材料可以是一切吸波材料,目前以铁氧体吸波材料性能最佳,它具有吸收频段高、吸收率高、匹配厚度薄等特点。它的主要工作原理是根据电磁波在介质中从低磁导向高磁导方向传播的规律,利用高磁导铁氧体引导电磁波,通过共振,大量吸收电磁波的辐射能量,再通过耦合把电磁波的能量转变成热能。

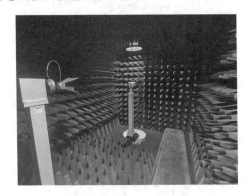

图 2-27 微波暗室

天线测试系统(见图 2-28)主要由微波暗室、矢量网络分析仪、机械转台、测试系统构成,微波暗室主要为天线测试提供一个良好的实验环境,测试主要是测试系统对矢量

图 2-28 天线测试系统

网络分析仪中的数据进行处理分析,将天线方向图展现出来。

实验室提供标准喇叭天线(见图 2-29),矢量网络分析仪的测量范围为 0.1~43.5 GHz,三个标准喇叭天线的频带范围:图 2-29(a)的为 0.1~18 GHz,图 2-29(b)的为 18~26 GHz,图 2-29(c)的为 26~43.5 GHz。

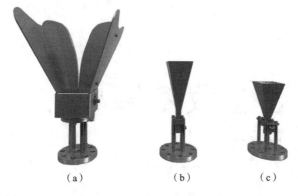

(a)　　　　　(b)　　　　　(c)

图 2-29　标准喇叭天线

四、实验内容及步骤

认真学习实验安全注意事项,利用天线测试系统测量天线方向图。

(1) 打开矢量网络分析仪进行预热,打开转台,开启计算机,打开天线测试系统。

(2) 将待测天线安装在转台上,关闭微波暗室。

(3) 进入天线测试系统设备配置界面,点击连接设备,分别连接矢量网络分析仪、机械转台。

(4) 完成连接后,进入测量界面,设置待测天线的工作频点、功率以及带宽,对转台设置转速、间隔角度。

(5) 上述步骤完成后点击开始测量,此时天线测试系统已经开始工作。

(6) 等待测试结束,根据系统提示保存测试数据。

(7) 进入数据分析界面,选中测试数据,查看天线方向图。

转台设置的角度间隔和转速会影响天线方向图测试的精确度,可进行多次测量,寻找最佳天线方向图。

五、实验报告要求

(1) 写出实验目的与任务。

(2) 说明整个系统测量天线方向图的原理,推导天线方向图相关公式。

(3) 给出测量数据及结果。

(4) 写出不少于 200 字的实验心得,可以是实验中遇到的问题,从实验中学到的知识,或者做实验时的感想体会。

六、思考题

(1) 查阅资料,理解和掌握天线极化方式。

(2) 利用实验室设备,探究如何测量线极化天线的交叉极化。

3

电磁工程技术实验实训平台

实验系统是对电子测量仪器教学的一次革命。电磁工程技术实验实训平台是针对各院校微波工程、电子工程、通信工程、电子测量等专业开设的"电磁场与电磁波""电子测量技术""微波技术""微波电路""高频电子线路"等相关专业课程的实验教学及课程设计而研发的;系统由教学平台、仪器和教学综合实验箱等三部分相辅而成;提供教学、练习、考试、电子测量、微波通信综合实验等多项功能。具体功能如下:突破传统教学模式束缚,实现教学方法改革;提供科研、教学、实验的理想解决方案;是集教学、实验、考试等功能于一体的完善的软件平台;独有的虚拟仪器,便捷的升级服务,零成本的维护;教学综合实验箱采用模块结构,用户可按需配置系统;合理系统设计规划,使其自成体系。

电磁工程技术实验实训平台是多功能仪器组合体和完备的综合教学软件平台。该平台的软件采用面向对象的组件化、模块化与标准化的技术设计,提供教学、实验、考核、资源、数据、权限、虚拟仪器库、网络等一系列管理功能,满足各院校对仪器仪表教学、微波技术实验等多方面知识的学习。软件采用层级架构和分布式管理模式,操作更简便,响应更迅速。独有的网上虚拟实验室和教学管理功能使学习更加生动和高效。具体功能如下:虚拟化仪表面板,实验操作不再依赖物理仪器,零成本的维护;虚拟仪器逼真度高,提供更顺畅的操作体验;虚拟化面板可与现实仪表通信,实现"物理的虚拟仪器";完善的人性化教学演示功能;高效的考试管理体系。

3.1 电磁工程技术实验实训平台的组成原理

教学实验系统内容分为教学系统、实验系统、教学综合实验箱、在线考试系统、资源管理和权限管理,下面分别介绍各部分组成及操作指南。

电磁工程技术实验实训平台的框架如图 3-1(a)所示,电磁工程技术实验实训平台的服务器功能如图 3-1(b)所示,电磁工程技术实验实训平台的总结构图如图 3-1(c)所示。电磁工程技术实验实训平台主要包括仪器实验箱和虚拟软件平台。本实验系统采用服务器和客户端的 C/S 模式。服务器由教师使用,负责配置资源,并将资源下传至客户端。客户端由学生使用,在正确下载资源后,进行实验系统的配置和测试,进行仪器操作练习。其中虚拟仪器库是该系统的核心组成部分。

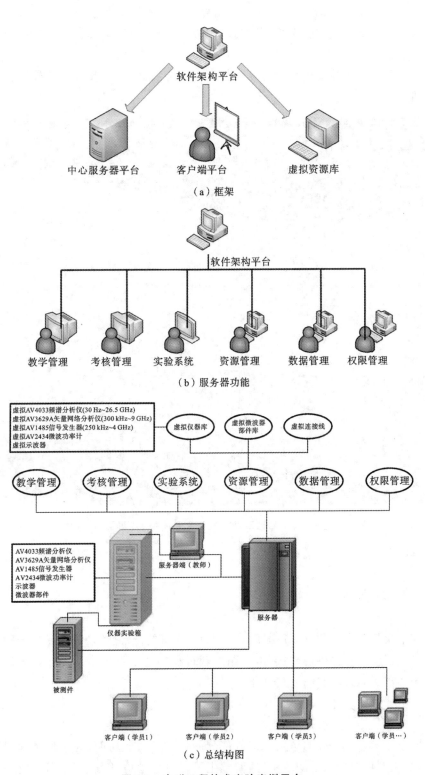

图 3-1 电磁工程技术实验实训平台

服务器端包括数据库服务器和中心服务器平台。数据库服务器存储各虚拟资源的配置信息以及系统相关信息。中心服务器平台由教师使用,完成客户端资源的上传。软件架构平台主要完成实验系统、考核管理、教学管理、资源管理、数据管理、权限管理等功能模块。

电磁工程技术实验实训平台主界面如图 3-2 所示,包括实验、编辑、教学、管理、考核和帮助选项。

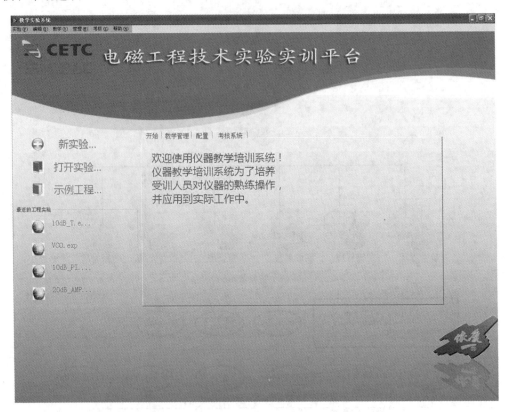

图 3-2　电磁工程技术实验实训平台主界面

教学综合实验箱构成了教学实验系统的硬件平台,主要实现微波通信实验。

3.2　教学系统

操作系统是一个大型的程序系统,它负责计算机的全部软、硬件资源的分配、调度、控制和协调工作。它提供用户接口,使用户获得良好的工作环境。操作系统使整个计算机系统实现了高效率和高度自动化。

一、教学系统介绍

教学系统包含了课程的讲义和课件部分的管理及播放功能,为了形象地展示一些理论知识,在课件中插入了演示程序,使学生可以更生动地学习基础知识,便于学生对知识的理解,并能使其对教学内容产生兴趣。

教学系统可在电磁工程技术实验实训平台的教学菜单中打开,或在主界面教学管理选项中打开,如图 3-3 和图 3-4 所示。

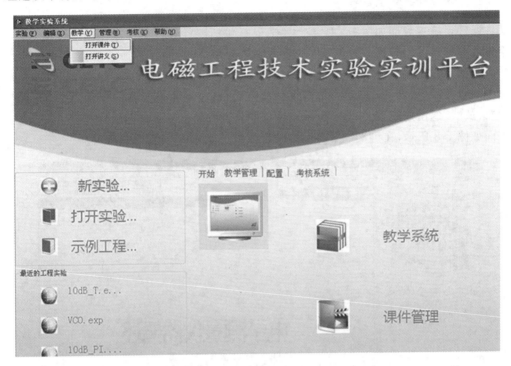

图 3-3　教学系统打开方式(一)

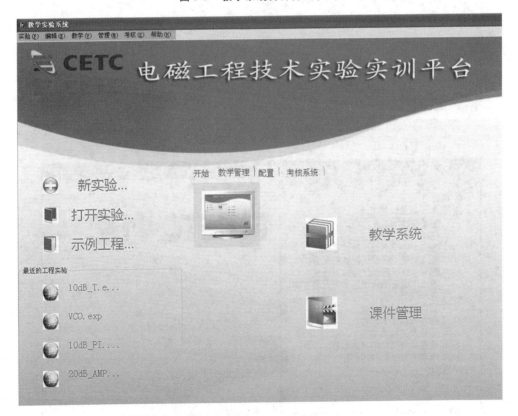

图 3-4　教学系统打开方式(二)

二、教学系统操作指南

课件系统主界面如图 3-5 所示。教学资料包括课件和讲义。课件用于授课,讲义用作参考资料。以频谱分析仪为例,课件包含 5 章,打开课件必须右击课件中的具体项。例如,观看课件"电子测量仪器概述",必须左键单击该项后,再右键单击该项,然后单击观看放映,如图 3-6 所示。单击观看放映后,可以单击右键弹出课件界面,再单击"结束放映"退出放映,如图 3-7 所示。讲义部分也以电子测量仪器概述为例,讲义显示界面如图 3-8 所示,在讲义显示界面右击后弹出功能选项,如图 3-9 所示。

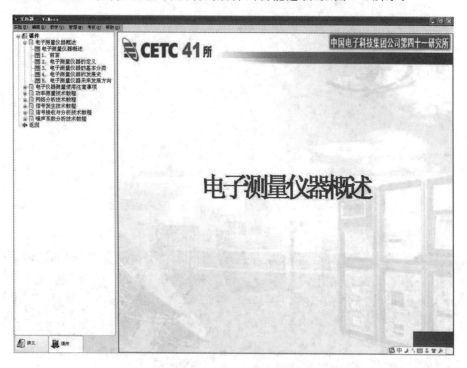

图 3-5　课件系统主界面

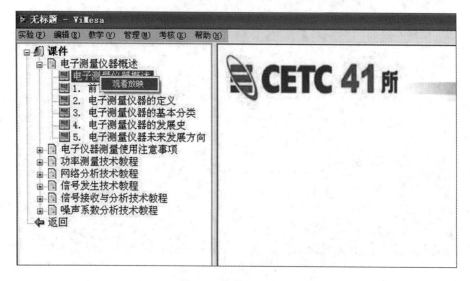

图 3-6　课件观看方法

图 3-7 课件结束放映方法

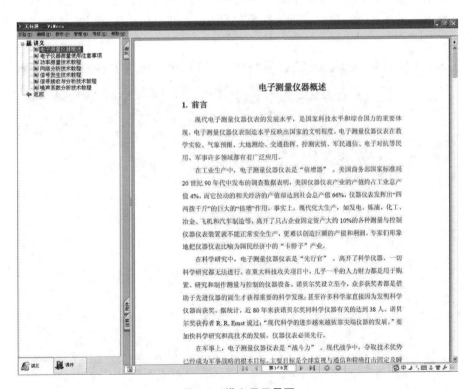

图 3-8 讲义显示界面

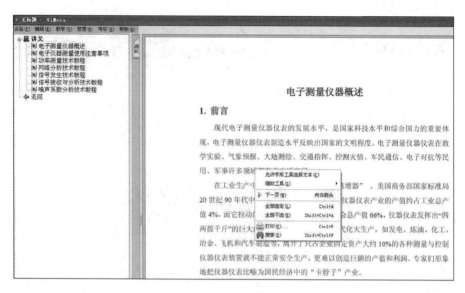

图 3-9 讲义功能选项

3.3 实验系统

电磁工程技术实验实训平台的实验系统分为真实仪器实验和虚拟仪器实验两部分。真实仪器实验是利用电磁工程技术实验实训平台实现仪器远程程控的实验。虚拟仪器实验系统可以通过菜单栏中的实验菜单打开(见图 3-10),或通过主界面中的快捷方式来打开。

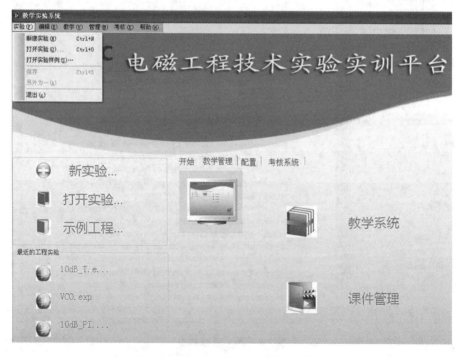

图 3-10 虚拟仪器实验系统打开方式

虚拟仪器实验是利用电磁工程技术实验实训平台仿真各种虚拟仪器的功能和射频/微波等的实验,下面详细介绍。电磁工程技术实验实训平台的实验系统如图 3-11 所示。虚拟仪器实验系统是整个平台的核心部分,主体部分是一个虚拟器件的配置模块,用户可以选择各种仪器,通过拖曳的方法将各种仪器加入配置窗口中,在配置窗口中通过连线的方式来组成一套测试系统。

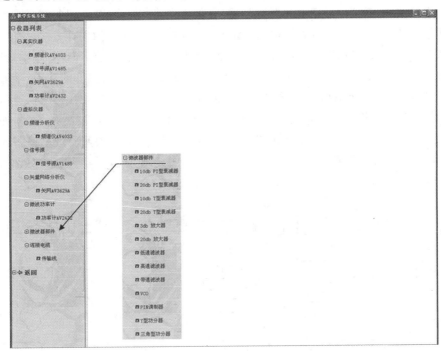

图 3-11 电磁工程技术实验实训平台的实验系统

一、物理仪器介绍

目前,实验系统的物理仪器包括中国电子科技集团公司第四十一研究所研制、生产的 AV4033 频谱分析仪(30 Hz～26.5 GHz)、AV4037A 频谱分析仪(30 Hz～3 GHz)、AV1485 射频合成信号发生器(250 kHz～4 GHz)、AV1441A 信号发生器(9 kHz～3 GHz)、AV3629A 高性能射频一体化矢量网络分析仪(300 kHz～9 GHz)、AV36580A 矢量网络分析仪(300 kHz～3 GHz)、AV2436 微波功率计、AV2432 微波功率计、AV3984 微波噪声系数分析仪(100 MHz～26.5 GHz)和 AV7102M 数字示波器(100 MHz,2 GS/s),以及教学综合实验箱。部分物理仪器前面板图如图 3-12 所示。

（a）AV4033 频谱分析仪

（b）AV1485 射频合成信号发生器

（c）AV3629A 高性能射频
一体化矢量网络分析仪

图 3-12 部分物理仪器前面板图

下面介绍教学综合实验箱。电磁工程技术实验实训平台的硬件平台由信号合成和接收两部分组成。信号合成部分输出频率范围为 10 MHz～1 GHz,调制方式有 AM、FM、PM、FSK、ASK、PSK 等方式,调制度可选。接收部分频率范围同信号合成部分,解调方式有两种:检波器检波接收和变频器窄带接收。教学中,可根据电子测量仪器教学的特点,结合该产品具体电路,由浅入深地从感性认识到原理分析,再到测试、设计方法。通过该实验系统的训练,学生可完全掌握滤波器、衰减器、功分器、检波器、调制器、放大器、锁相环等模块的基本知识,还可掌握根据阻抗圆图来进行阻抗匹配的设计方法。学生通过对该平台的学习,最终可以掌握仪器组成及测量原理、信号处理、通信原理等基本知识。

该实验平台具有如下特点:第一,基础性,实现最基本微波器部件的认识、学习和测量;第二,灵活性,通过对微波器部件的简单组合,可完成信号合成、网络分析、通信系统模拟、频谱变换等多方面实验;第三,融合性,该系统融合了多种微波测量仪器,如信号发生器、矢量网络分析仪、频谱分析仪等,多种微波仪器的融入,给实验带来诸多便利条件,使得实验更加有效和快捷。教学综合实验箱框图如图 3-13 所示,被测单元(UUT)实物图如图 3-14 所示。

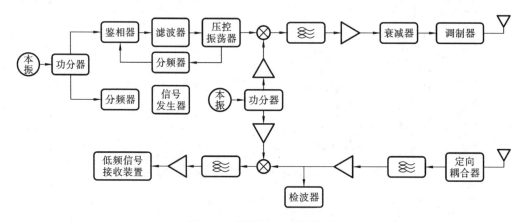

图 3-13 教学综合实验箱框图

图 3-14 被测单元(UUT)实物图

　　利用电磁工程技术实验实训平台的硬件平台(教学综合实验箱)开展的课程涉及微波技术篇和仪器篇。

　　微波技术篇内容如下。

　　(1) 传输线理论及微带传输设计与制作。

　　(2) 阻抗匹配网络的设计与制作。

　　(3) 史密斯圆图的分析与应用。

　　(4) 微波功率分配器的原理与设计。

　　(5) 固定功率衰减器的原理与设计。

　　(6) PIN 管调制器的原理与设计。

　　(7) 集总参数滤波器的原理与设计。

　　(8) 微带滤波器的原理与设计。

　　(9) 微波放大器的原理与设计。

　　(10) 微波压控振荡器的原理与设计。

　　(11) 微波锁相环原理与设计。

　　(12) 微波检波器原理与设计。

　　(13) 微波定向耦合器原理与设计。

　　(14) 微波上下变频器原理与设计。

　　(15) 微波发送系统电路组成及介绍。

　　(16) 微波接收系统电路组成及介绍。

　　(17) 微波设计及仿真软件介绍。

　　(18) 模拟微波通信系统组装调试。

　　微波仪器篇内容如下。

　　(1) 矢量网络分析仪的构成及 S 参数测量机理。

　　(2) 射频合成信号发生器原理及应用。

　　(3) 频谱分析仪原理及应用。

　　(4) 微波功率计原理及应用。

　　教学综合实验箱具体操作流程和实验操作见课件中相关部分。测试仪器及其连接件如图 3-15、图 3-16 所示,被测单元连接示例图如图 3-17 所示。矢量网络分析仪仿真结果如图 3-18 所示。

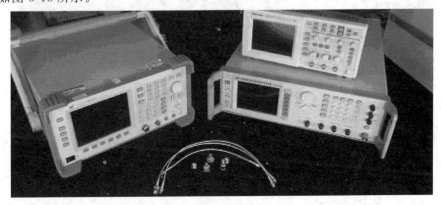

图 3-15　测试仪器

图 3-16   测试仪器连接件

（a）

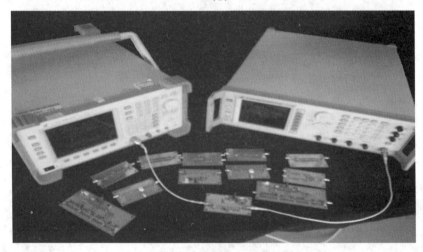

（b）

图 3-17   被测单元连接示例图

1. 虚拟仪器介绍

虚拟仪器库是一个开放的系统，可以根据不同的教学情况，对仪器库进行增删和编辑。其功能在服务器的资源管理模块中实现。目前，实验系统的虚拟仪器库包括频谱分析仪、信号源、矢量网络分析仪、微波功率计、微波器部件、连接电缆等，用于仿真各种射频、微波、电子仪器的实验。

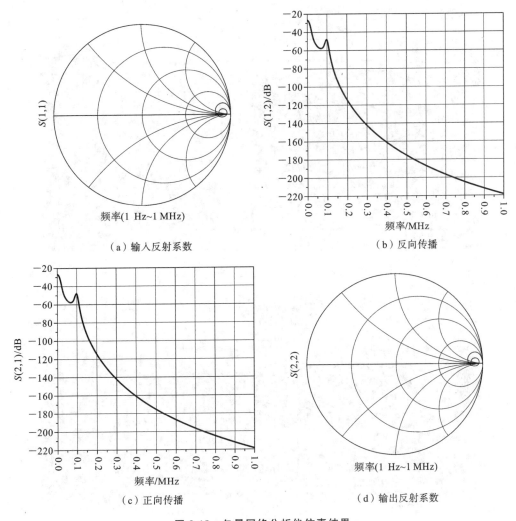

频率(1 Hz~1 MHz)

（a）输入反射系数

（b）反向传播

（c）正向传播

（d）输出反射系数

频率(1 Hz~1 MHz)

图 3-18 矢量网络分析仪仿真结果

2. 频谱分析仪

目前，频谱分析仪有虚拟 AV4033 频谱分析仪（30 Hz～26.5 GHz）和虚拟 AV4037A 频谱分析仪（30 Hz～3 GHz）。虚拟 AV4033 频谱分析仪软面板采用物理仪器的面板位图，可高度仿真 AV4033 频谱分析仪的各种操作及功能，也可与其他仪器或微波器部件联合使用来进行仿真测试实验。虚拟 AV4033 频谱分析仪软面板如图 3-19 所示，虚拟 AV4037A 频谱分析仪软面板如图 3-20 所示。

3. 信号源

目前，信号源有虚拟 AV1485 射频合成信号发生器（250 kHz～4 GHz）和虚拟 AV1441A 信号发生器（9 kHz～3 GHz）。虚拟 AV1485 射频合成信号发生器软面板如图 3-21 所示，虚拟 AV1441A 信号发生器软面板如图 3-22 所示。

4. 矢量网络分析仪

目前，矢量网络分析仪有虚拟 AV3629A 高性能射频一体化矢量网络分析仪（300 kHz～9 GHz）和虚拟 AV36580A 矢量网络分析仪（300 kHz～3 GHz）。虚拟

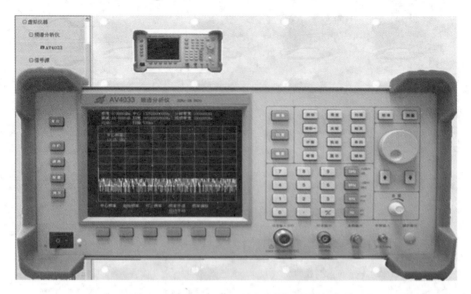

图 3-19 虚拟 AV4033 频谱分析仪软面板

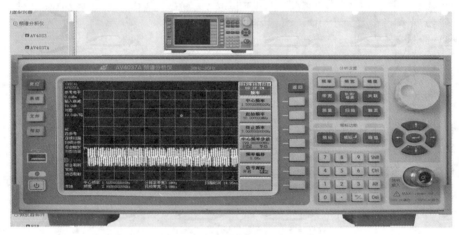

图 3-20 虚拟 AV4037A 频谱分析仪软面板

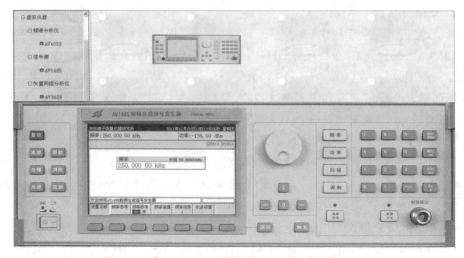

图 3-21 虚拟 AV1485 射频合成信号发生器软面板

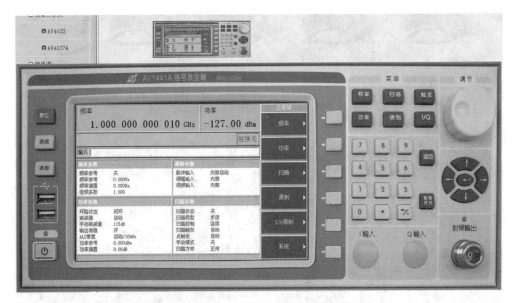

图 3-22 虚拟 AV1441A 信号发生器软面板

AV3629A 高性能射频一体化矢量网络分析仪软面板如图 3-23 所示,虚拟 AV36580A
矢量网络分析仪软面板如图 3-24 所示。

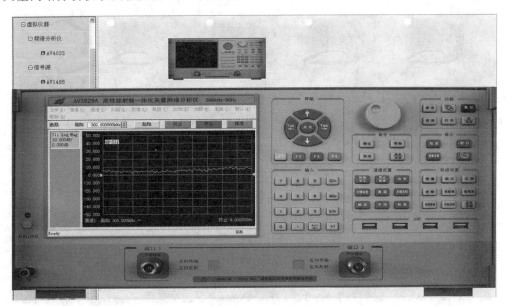

图 3-23 AV3629A 高性能射频一体化矢量网络分析仪软面板

5. 微波功率计

目前,微波功率计有虚拟 AV2432 微波功率计和虚拟 AV2436 微波功率计。虚拟
AV2432 微波功率计软面板如图 3-25 所示,虚拟 AV2436 微波功率计软面板如图 3-26
所示。

6. 噪声系数分析仪

目前噪声系数分析仪有虚拟 AV3984 微波噪声系数分析仪。虚拟 AV3984 微波噪

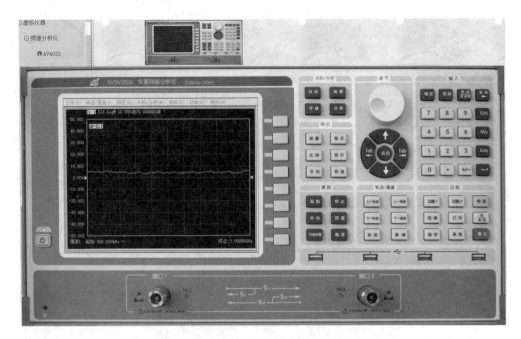

图 3-24　AV36580A 矢量网络分析仪软面板

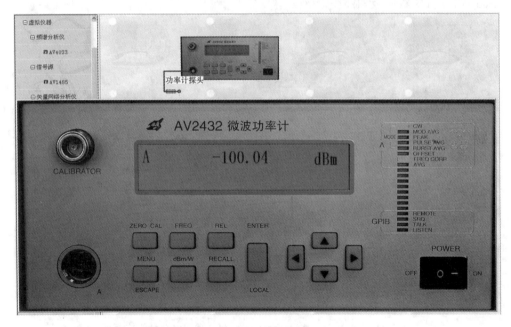

图 3-25　虚拟 AV2432 微波功率计软面板

声系数分析仪软面板如图 3-27 所示。

7. 示波器

目前示波器有虚拟 AV7102M 数字示波器。虚拟 AV7102M 数字示波器软面板如图 3-28 所示。

8. 微波器部件

目前,微波器部件有 10 dB 和 20 dB 的"π"形衰减器、10 dB 和 20 dB 的"T"形衰减器、

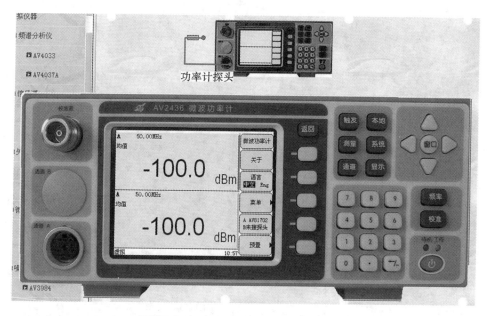

图 3-26 虚拟 AV2436 微波功率计软面板

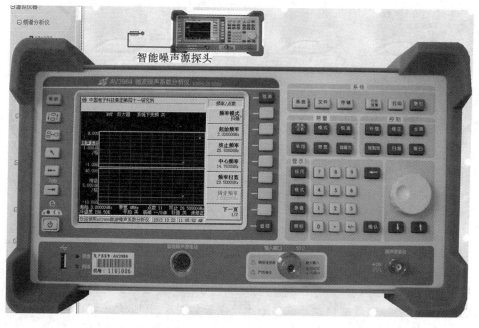

图 3-27 虚拟 AV3984 微波噪声系数分析仪软面板

3 dB 和 20 dB 的可调节放大器、低通滤波器、高通滤波器、带通滤波器、VCO、晶振、"Y"形功分器、三角形功分器、PIN、检波器、分频器、倍频器、调制器、匹配负载、混频器和单刀双掷开关。其中,VCO 和晶振仅有一个端口,"Y"形功分器、三角形功分器和单刀双掷开关是三端口的,其余的微波器部件都是两端口的。微波器部件软面板如图 3-29 所示。

9. 连接电缆

可以通过虚拟连接线来指定连接头类型等与连接线有关的属性。在一些简化情况

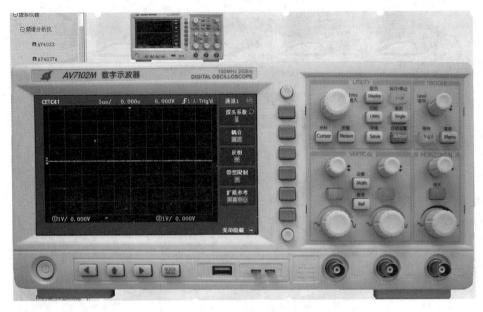

图 3-28 虚拟 AV7102M 数字示波器软面板

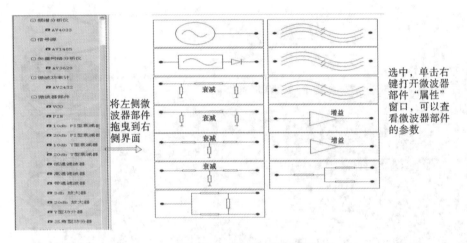

图 3-29 微波器部件软面板

下,虚拟连接线可以直接指定输入信号的属性或者输出阻抗的属性。目前,连接电缆有传输线,用于各种虚拟仪器和微波器部件之间的连接和传输数据。传输线有两端,传输线两端都可设置传输线端口类型。传输线软面板如图 3-30 所示。

二、仪器和微波器部件的连接

各种仪器和微波器部件之间传输数据是通过传输线实现的。仪器和微波器部件的连接端口示例如图 3-31 所示。各种仪器和微波器部件与传输线之间的连接,要求连接端口类型匹配。例如,AV4033 频谱分析仪的端口类型是 N 头阴性,则与之相匹配的连接传输线端口类型应设置为 N 头阳性;AV1485 射频合成信号发生器信号源的射频输出端口类型是 N 头阴性,低频输出端口是 BNC 头阴性,则分别与之相匹配的连接传输线端口类型是 N 头阳性(射频输出)和 BNC 头阳性(低频输出)。各种仪器和微波器部件的端口可查看其属性或查阅物理仪器用户手册。仪器属性示例如图 3-32 所示。

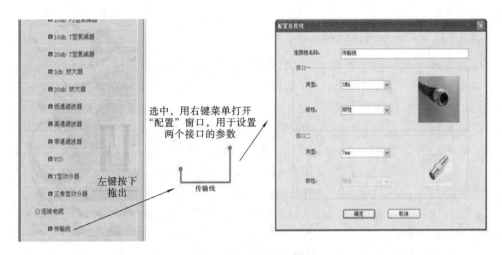

图 3-30 传输线软面板

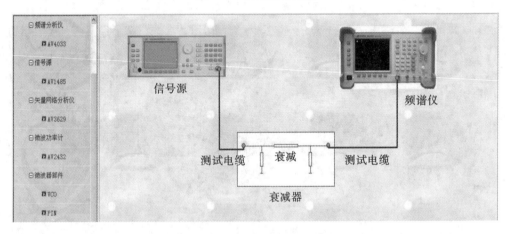

图 3-31 仪器和微波器部件的连接端口示例

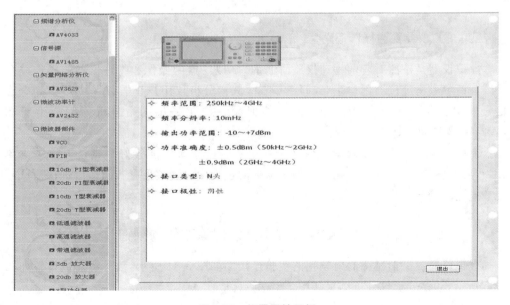

图 3-32 仪器属性示例

三、物理仪器实验操作指南

物理仪器实验操作指南请参考 AV4033 频谱分析仪用户手册、AV1485 射频合成信号发生器用户手册、AV3629A 高性能射频一体化矢量网络分析仪用户手册和 AV2432 微波功率计用户手册。AV4033 频谱分析仪、AV1485 射频合成信号发生器、AV3629A 高性能射频一体化矢量网络分析仪和 AV2432 微波功率计的用户手册介绍了各种物理仪器的用途、使用方法、使用注意事项、性能特性、基本工作原理、故障查询、编程指南等内容，以帮助用户尽快熟悉和掌握仪器的操作方法和使用要点。为方便熟练使用这些仪器，应仔细阅读这些用户手册，并按照手册正确指导操作。

实验系统物理仪器的程控技术。AV4033 频谱分析仪、AV1485 射频合成信号发生器、AV3629A 高性能射频一体化矢量网络分析仪和 AV2432 微波功率计的程控可通过教学软件平台的仪器实验系统实现。可程控仪器如图 3-33 所示。

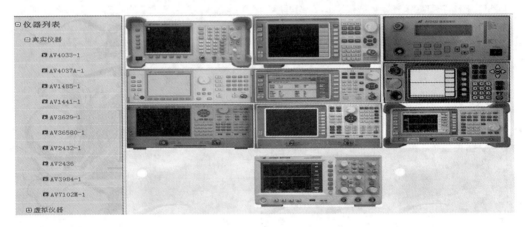

图 3-33　可程控仪器

四、虚拟仪器实验操作指南

虚拟仪器是按照对应的物理仪器研制的，虚拟仪器的操作和物理仪器的操作完全一致。请参考物理仪器用户手册，即 AV4033 频谱分析仪用户手册、AV1485 射频合成信号发生器用户手册、AV3629A 高性能射频一体化矢量网络分析仪用户手册和 AV2432 微波功率计用户手册。

虚拟仪器实验是先在教学软件平台的仪器实验系统中连接好测试仪器或被测单元，然后设置仪器参数（也可在观察测试结果的过程中设置仪器参数），最后进行测试并观察或记录测试结果。

实验 1　虚拟仪器测试信号源的射频频谱

虚拟仪器测试信号源的射频频谱实验连接图如图 3-34 所示，信号源参数设置如图 3-35 所示，频谱分析仪分析结果如图 3-36 所示。

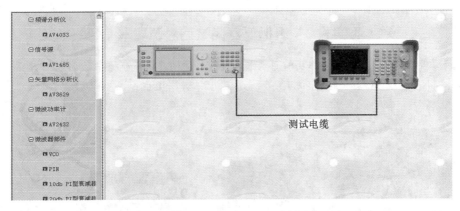

图 3-34 虚拟仪器测试信号源的射频频谱实验连接图

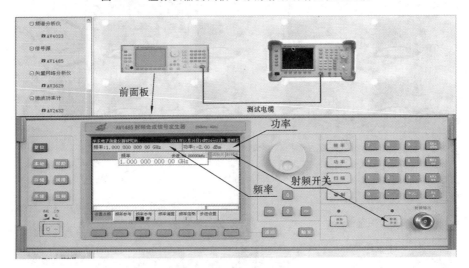

图 3-35 信号源参数设置

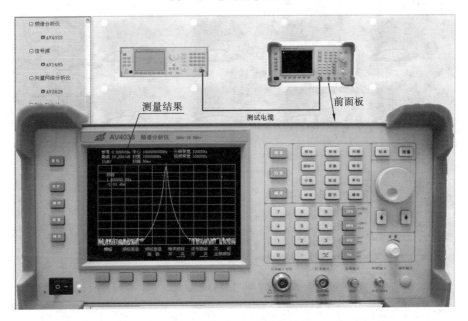

图 3-36 频谱分析仪分析结果

实验 2   虚拟仪器测试信号源功率

虚拟仪器测试信号源功率实验连接图如图 3-37 所示,信号源参数设置如图 3-38 所示,功率计设置频率参数如图 3-39 所示,功率计分析结果如图 3-40 所示。

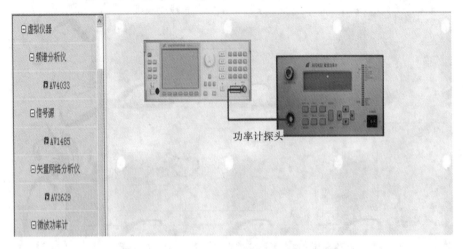

图 3-37   虚拟仪器测试信号源功率实验连接图

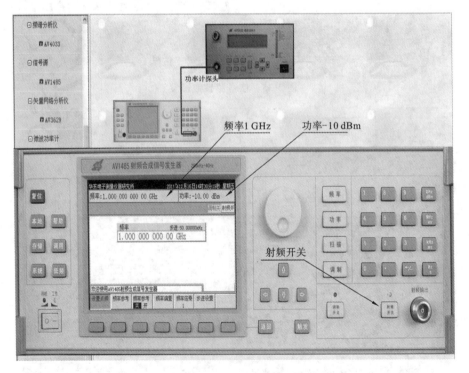

图 3-38   信号源参数设置

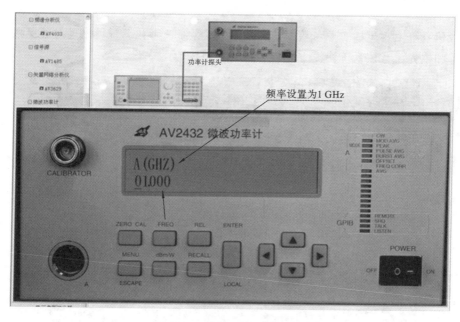

图 3-39 功率计设置频率参数

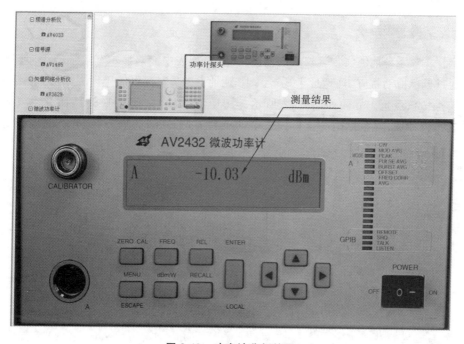

图 3-40 功率计分析结果

3.4 考核系统

考核系统主要包括实操考核系统和理论考试系统。考核系统可以通过菜单栏中考核菜单和主界面考核系统快捷方式打开,如图 3-41 所示。

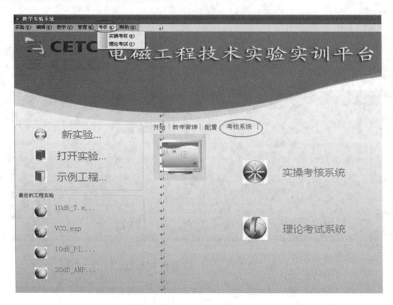

图 3-41 考核系统打开方式

一、实操考核系统

实操考核系统能够实现客户端的监测,在学员列表中能够显示客户端的 IP 地址,并能够通过鼠标拖动相应 IP 地址来观看该 IP 地址下学员对仪器的操作步骤及测量结果。

实操考核系统主界面如图 3-42 所示。图中 IP 地址为 192.168.1.15 的学员在客户端进行仪器操作,鼠标拖动学员列表中的项到右侧显示区域即可显示出该学员进行

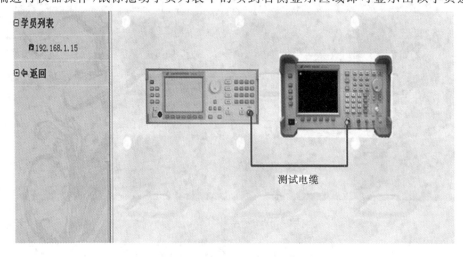

图 3-42 实操考核系统主界面

的操作,图中该学员使用信号源和频谱分析仪。服务器端可以通过双击信号源或频谱分析仪进入仪器的界面。服务器监测到的该学员对频谱分析仪的测量结果如图 3-43 所示。

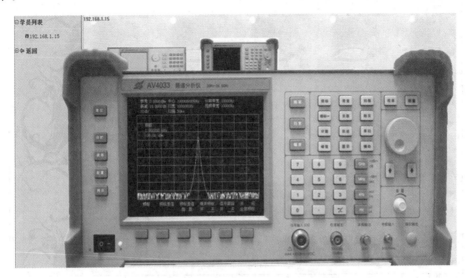

图 3-43 服务器监测到的该学员对频谱分析仪的测量结果

二、理论考试系统介绍

理论考试系统包括考试科目管理、试卷制定维护、用户试卷管理、试题类别管理等,能实现高效的考试管理。理论考试的操作方法:首先单击主菜单中管理项下的考试管理,弹出如图 3-44 所示的考试管理窗口,完成 IP 地址和端口号的配置后单击"确定"按钮,再进入考核系统中的理论考试系统,即可进入如图 3-45 所示的理论考试系统登录主界面。

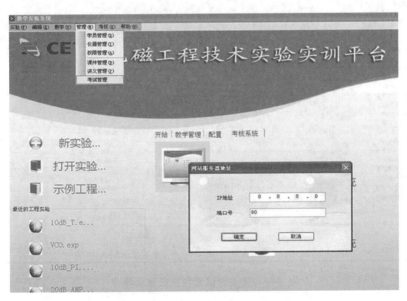

图 3-44 考试管理窗口

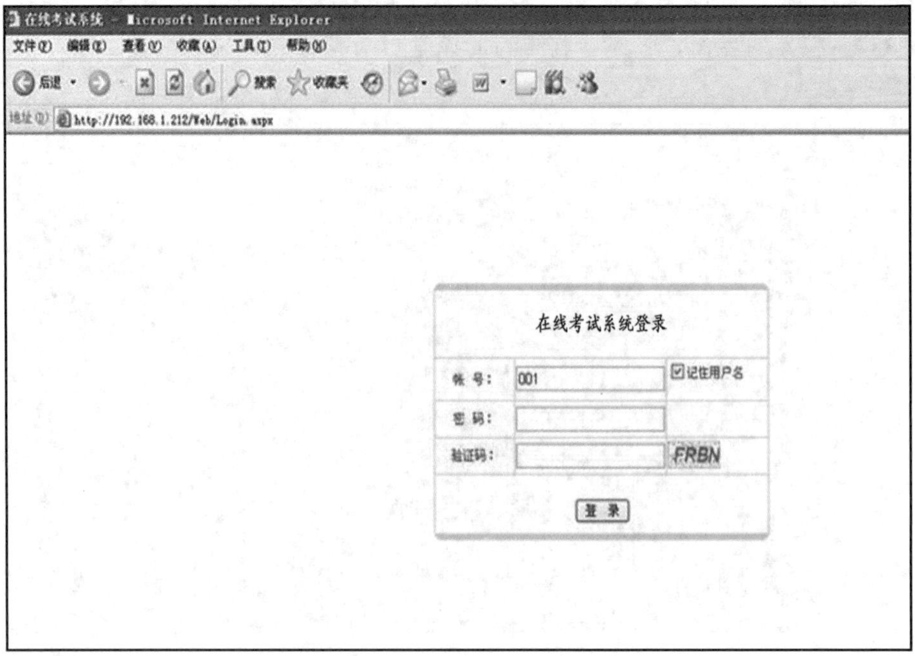

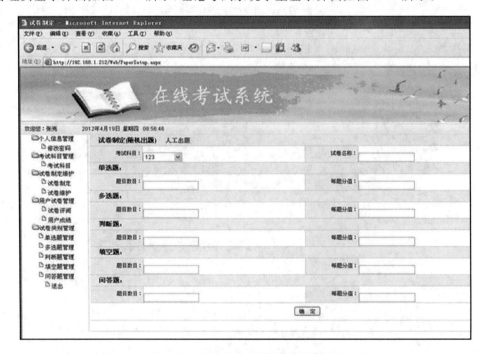

图 3-45   理论考试系统登录主界面

　　理论考试系统有合理组织结构,实现试题管理、考试、阅卷(分数统计及排名)自动化,提供高效的考核方式。理论考试系统教师登录界面如图 3-46 所示,理论考试系统管理员登录界面如图 3-47 所示,理论考试系统学生登录界面如图 3-48 所示。

图 3-46   理论考试系统教师登录界面

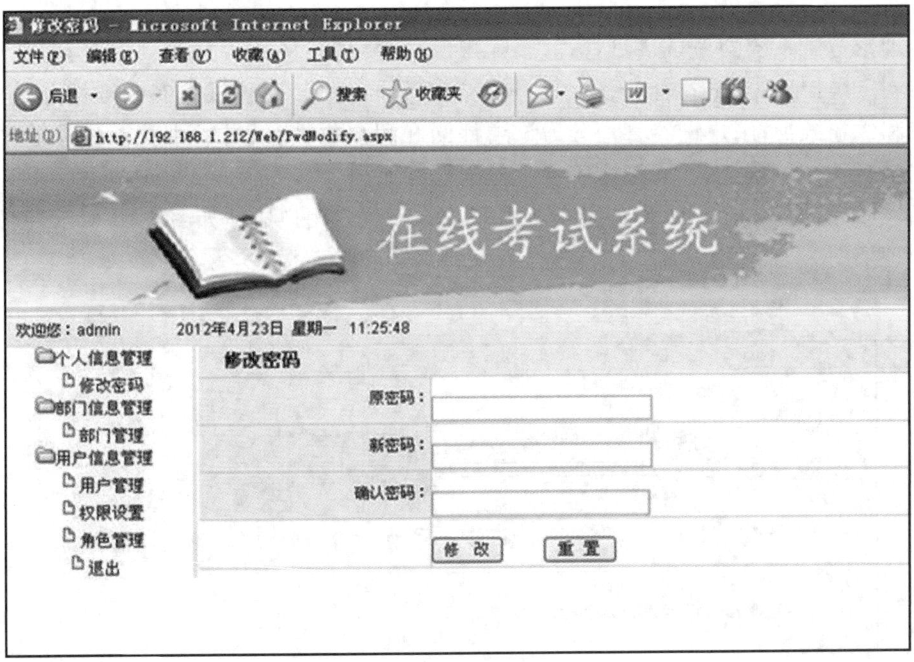

图 3-47 理论考试系统管理员登录界面

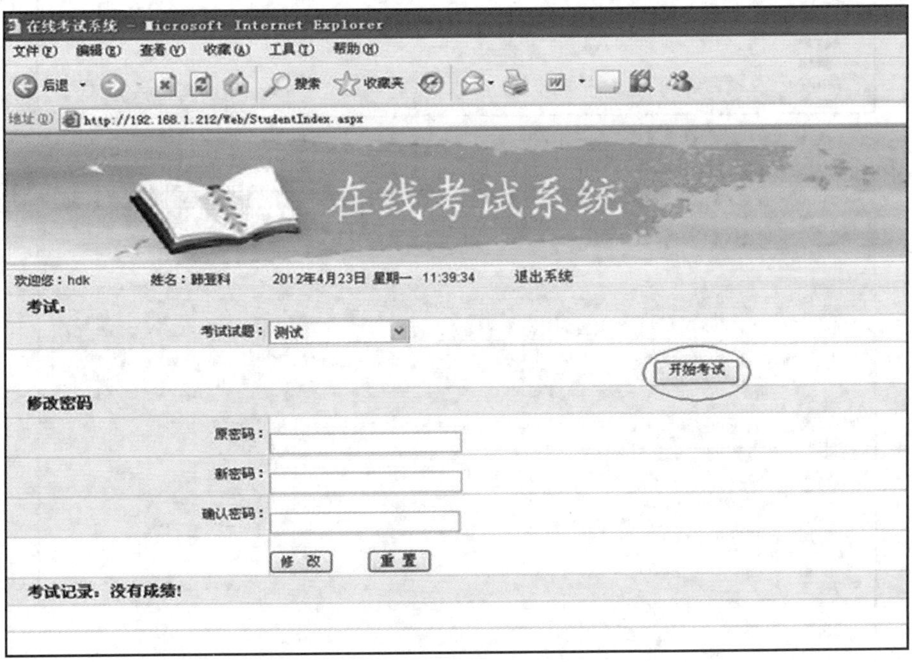

图 3-48 理论考试系统学生登录界面

三、理论考试系统操作指南

理论考试系统的考试科目管理（教师账户）主要进行考试科目管理，按当前选择的试卷制定维护、用户试卷管理、试题类别管理等科目进行管理；试卷制定维护分为试卷制定和试卷维护；用户试卷管理分为试卷评阅和用户成绩；试题类别管理分为单选题、多选题、判断题、填空题、问答题管理。考试科目如图 3-49 所示，试卷制定如图 3-50 所示，试卷维护如图 3-51 所示，试卷评阅如图 3-52 所示，用户成绩如图 3-53 所示，试题类别管理如图 3-54 所示。

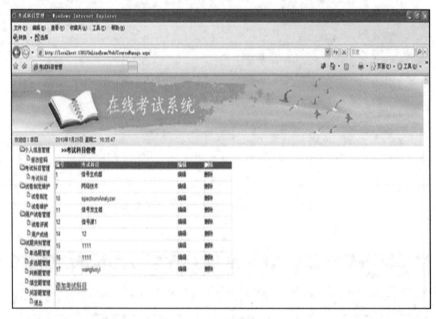

图 3-49　考试科目

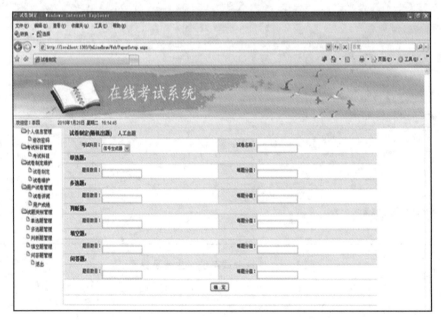

图 3-50　试卷制定

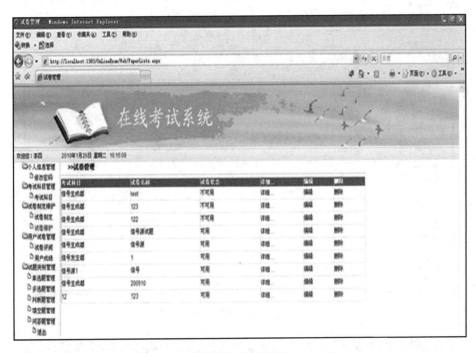

图 3-51　试卷维护

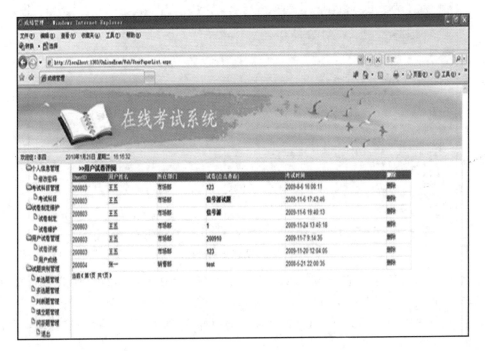

图 3-52　试卷评阅

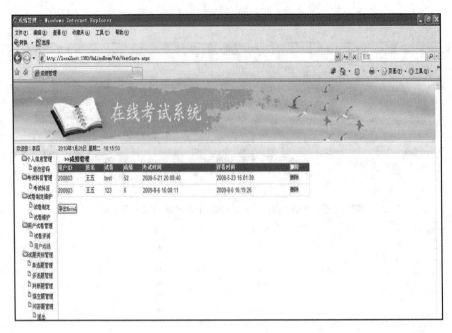

图 3-53　用户成绩

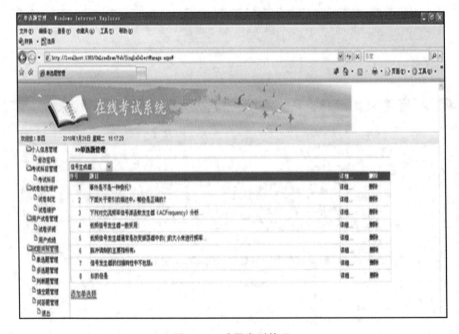

图 3-54　试题类别管理

　　管理员账户具有管理理论考试系统的高级权限。主要通过部门管理、用户管理、权限管理和角色管理来对理论考试系统实现高效的管理。

　　部门管理如图 3-55 所示，可进行添加新部门操作，可对已建立部门进行编辑和删除操作。

　　用户管理如图 3-56 所示，在用户管理界面，管理员可以清楚地看到当前理论考试

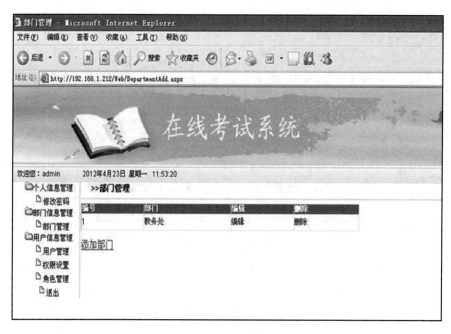

图 3-55　部门管理

系统的用户信息,并通过每个用户后面的"编辑"项来对该用户进行编辑,也可再次进行密码重置、添加/删除用户和查询用户等操作。

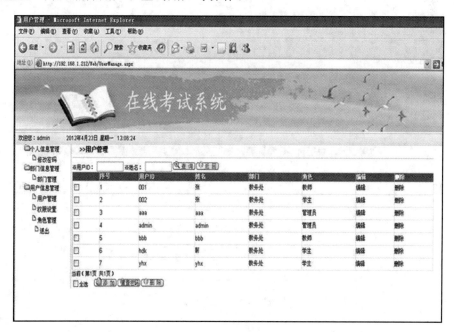

图 3-56　用户管理

权限管理如图 3-57 所示,权限管理界面清楚地显示了三种角色(管理员、教师和学生)所拥有的权限,并为用户提供了修改角色权限的方法。

角色管理如图 3-58 所示,角色管理窗口为用户提供添加新角色、编辑已建角色和删除角色的方法。

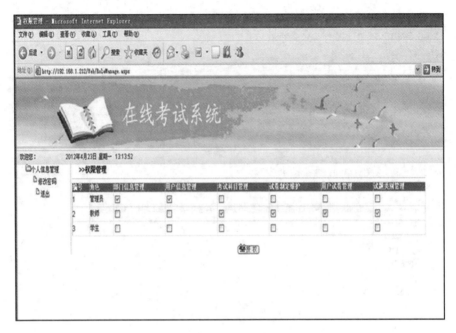

图 3-57 权限管理

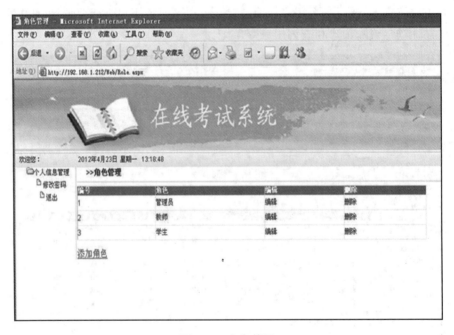

图 3-58 角色管理

3.5 管理系统

管理系统提供四种管理模式,分别是学员管理、仪器管理、课件管理和权限管理,使用户能够实现方便、快捷、直观的管理方式。管理系统的打开可通过菜单栏的管理项和主界面的配置快捷导航项,如图 3-59 所示。

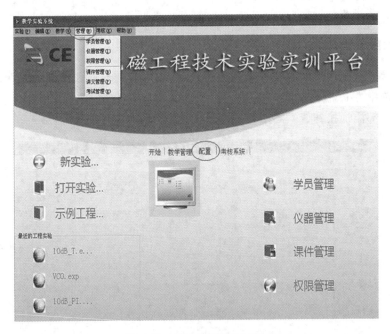

图 3-59　管理系统打开方法

一、仪器管理

虚拟资源包括虚拟仪器库和虚拟 UUT 库。虚拟仪器资源管理主要完成本实验系统中支持的实验仪器的配置,资源管理中使用的实验仪器为虚拟仪器库中已有的仪器。单击仪器管理便进入如图 3-60 所示的资源配置窗口,在次配置窗口可以对仪器名称、资源 ID(仪器的 IP 地址)和使用人的 IP 地址进行定义;可对仪器进行连接测试来判断

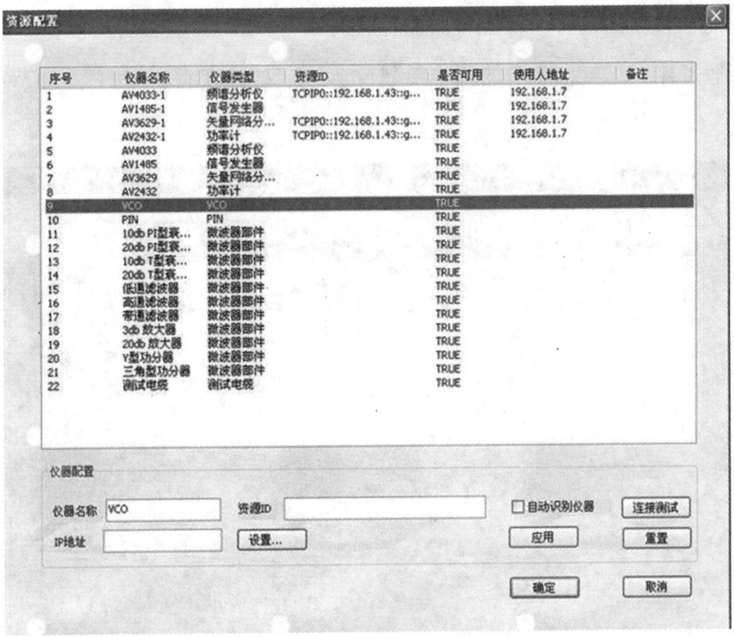

图 3-60　资源配置窗口

仪器是否能够连通。

二、权限管理

权限管理分配用户对真实仪器的使用权限，权限管理界面如图 3-61 所示。具体操作方式为选中左边框内的仪器选项，按"＞"按钮会往右边框内添加相应仪器，按钮"＞＞"为全部添加按钮。

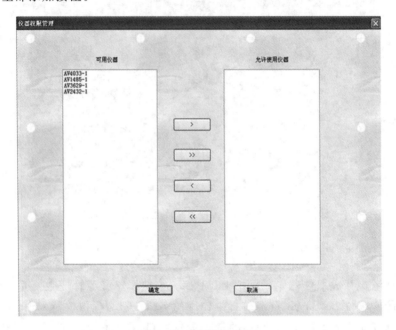

图 3-61　权限管理界面

三、课件管理

课件管理为用户实现课件的添加、删除及修改等功能。课件管理界面如图 3-62 所示。

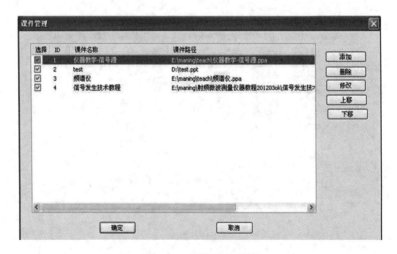

图 3-62　课件管理界面

四、学员管理

学员管理为用户提供学员信息管理、考试信息查询及学时设置。学员管理功能选择界面如图 3-63 所示。

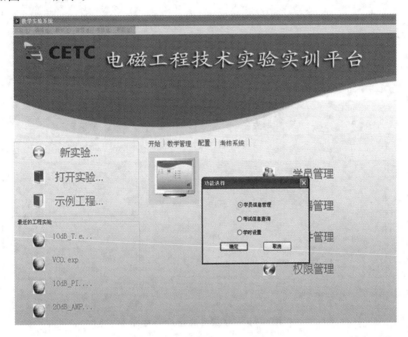

图 3-63 学员管理功能选择界面

学员信息管理为用户提供学员 IP 地址查询和学员信息修改功能,学员信息管理界面如图 3-64 所示。

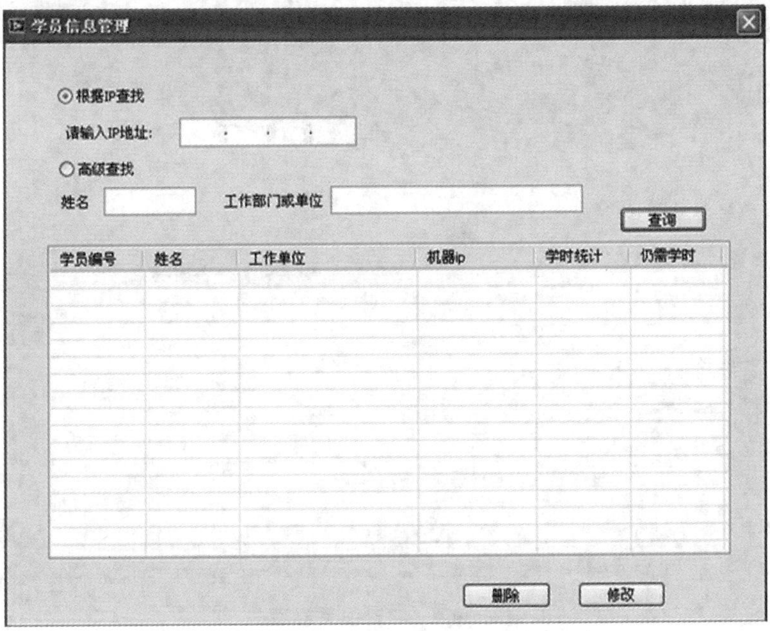

图 3-64 学员信息管理界面

考试信息查询为用户提供考试信息的查询功能,考试信息查询界面如图 3-65 所示。

图 3-65　考试信息查询界面图

学时设置为用户提供学时设置功能,学时设置界面如图 3-66 所示。

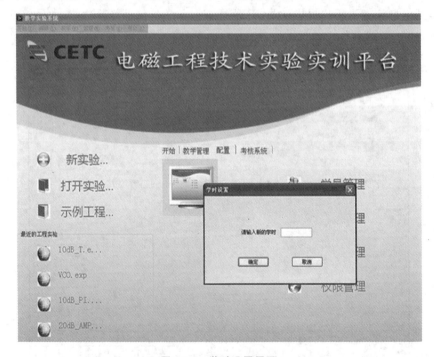

图 3-66　学时设置界面

3.6　实验功能

实验功能在菜单栏中的"实验"项中实现。

一、新实验

单击主界面"新实验"选项或在菜单栏实验项中单击"新实验"即可进入实操考核系统(见图 3-41)。

二、打开实验

单击主界面"打开实验"选项或在菜单栏中实验项中单击"打开实验"即可进入。

三、示例工程

单击主界面"示例工程"选项或在菜单栏中实验项中单击"打开实验样例"即可进入如图 3-67 所示的教学实验系统界面。单击"确定"按钮即进入所选示例工程。例如,选择的是低通滤波器实验,单击"确定"按钮即进入如图 3-68 所示界面。在空白处单击右键即可得到实验帮助菜单,此菜单提供"查看实验指导书"和"查看实验原理"选项。

图 3-67　教学实验系统界面

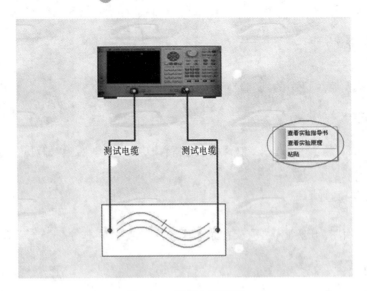

图 3-68　示例工程界面

3.7　帮助功能

帮助功能为用户提供用户帮助、实验指导、仪器操作手册和关于。帮助功能如图 3-69所示。

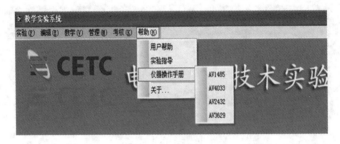

图 3-69　帮助功能

通过用户帮助可以打开射频微波测量仪器实训平台的用户手册（即本手册）来查看相关的操作指南。

通过实验指导可以查看实验指导书。

通过仪器操作手册可以查看信号源、频谱分析仪、矢量网络分析仪和功率计的仪器用户手册。

关于提供了此软件的信息。

参 考 文 献

[1] 杨儒贵，刘运林. 电磁场与波简明教程[M]. 北京:科学出版社,2005.
[2] 刘学观，郭辉萍. 微波技术与天线[M]. 3版. 西安：西安电子科技大学出版
社,2012.
[3] 邓玲娜，李迎，章世眶. 大学物理实验[M]. 北京:电子工业出版社,2017.
[4] 杨德强，潘锦，陈波. 电磁场与电磁波实验教程[M]. 北京:高等教育出版社,2016.